Basarab Nicolescu

Ciência, Sentido & Evolução

A Cosmologia de Jacob Boehme

∴

Jacob Boehme

Seis Pontos Teosóficos

tradução
Américo Sommerman

São Paulo, 1995

Attar
EDITORIAL

tradução: Américo Sommerman
revisão: Marcos Martinho dos Santos
capa e projeto gráfico: Silvana de Barros Panzoldo
editor: Sergio Rizek

Dados Internacionais de Catalogação na Publicação (CIP)
(Câmara Brasileira do Livro, SP, Brasil)

Nicolescu, Basarab

Ciência, sentido & evolução: a cosmologia de Jacob Boehme / Basarab Nicolescu. Seis pontos teosóficos / Jacob Boehme; prefácio à edição americana Joscelyn Godwin, prefácio à edição francesa Antoine Faivre; tradução Américo Sommerman. São Paulo: Attar, 1995

1. Boehme, Jacob, 1575-1624 2. Cosmologia 3. Filosofia da Natureza 4. Metafísica 5. Teosofia I. Boehme, Jacob, 1575-1624 II. Godwin, Joscelyn. III. Faivre, Antoine. IV. Título. V. Título: A cosmologia de Jacob Boehme. VI. Título: Seis pontos teosóficos.

95-4237 CDD-113

Índices para catálogo sistemático

1. Boehme, Jacob : Cosmologia : Metafísica : Filosofia 113

Attar Editorial
rua Madre Mazzarello, 336 - 05454-040 - fone/fax: (011) 831 6075 - São Paulo, SP

Para Michelle,
que sempre me ajudou
a ultrapassar a roda da angústia.

Basarab Nicolescu

Ciência, Sentido e Evolução

Jacob Boehme

Seis Pontos Teosóficos

“De que te serve teu conhecimento, se ele não te leva a combater? De nada! É exatamente como alguém que soubesse de um grande tesouro e não fosse procurá-lo, e, embora sabendo onde encontrá-lo, morresse de fome no mero conhecimento dele.”

Jacob Boehme, *A Aurora Nascente*

“... o sacro não é um estágio na história da consciência, mas um elemento estrutural dessa consciência.”

Mircea Eliade, *A prova do labirinto*

Agradecimentos

Gostaria de agradecer primeiramente a Michel Random. O primeiro nascimento deste livro deve-se a ele. Ao tomar conhecimento do tema de uma conferência que proferi em 1983 no "Cenáculo de Neuilly", que está sob a direção de L. M. Arcade há mais de trinta anos, Michel Random, sem nenhuma hesitação, pediu-me um ensaio sobre Jacob Boehme. Atendi a seu pedido e meu texto foi publicado em 1988 pela "Édition du Félin" sob o título *A Ciência, o Sentido e a Evolução – Ensaio sobre Jacob Boehme*. Agradeço também a Philippe Lebaud, responsável pelo segundo nascimento deste livro, isto é, pela reedição francesa de 1995.

Devo expressar meu profundo reconhecimento a Antoine Faivre por seus preciosos conselhos quanto ao conteúdo e iconografia de meu livro, e por seu auxílio na preparação da edição americana com a colaboração de Joscelyn Godwin.

Sou extremamente grato a meus editores no exterior — Dorothea Dooling (EUA), Mircea Ciobanu (Romênia) e Sergio Rizek (Brasil) — pelo cuidado na apresentação das traduções, e a meus tradutores — Rob Baker (EUA), Aurelia Batali (Romênia) e Américo Sommerman (Brasil) — por seu extraordinário trabalho.

Dentre os críticos que dedicaram sua atenção a este livro devo agradecer, em especial, a Pierre Thuillier (*La Recherche*, nº

215, novembro de 1989), Jean-Paul Corsetti (*Aries*, nº XVI, 1992), Larentiu Ulici (*Romania Libera*, Romênia, 6 de feveiro de 1993) e Karen-Claire Voss (*Theosophical History*, EUA, vol V, nº 2, abril de 1994) por suas análises tanto pertinentes quanto corajosas. Afinal, é preciso coragem para aceitar uma empreitada transdisciplinar, numa época caracterizada pelo distanciamento cada vez mais acentuado entre as diferentes disciplinas.

Comovido, meu pensamento volta-se aos leitores, célebres ou anônimos, franceses ou estrangeiros que, por suas cartas, mostraram-me que um trabalho de reflexão também pode ser um ato de vida.

Basarab Nicolescu
outubro de 1995

Apresentação

Quando os gregos distinguiam ciências especulativas e práticas, nem por isso as opunham; antes, consideravam-nas membros de um único corpo: a filosofia. Desse modo, reconhecia-se a complexidade e diversidade do mundo sem, no entanto, perder-se de vista sua unidade. Ao longo da história, diferentes termos foram empregados para designar as divisões ou ramos do conhecimento; a filosofia, no entanto, permanecia em seu papel central e unificador, sendo a verdadeira "ciência das ciências", expressão forjada por Hugo de São Vítor (séc.XI), que recolheu toda a tradição das ciências gregas. Assim, por exemplo, à tríade platônica do *verdadeiro*, *bom* e *belo* os estóicos associavam três grandes grupos de ciências, respectivamente: *física*, *ética* e *lógica*, que se articulavam num único e indissociável corpo. No séc. XVI, porém, essa tríade, que se poderia nomear, com outros termos, Ciência, Tradição e Arte, começou a romper-se. Foi esta ruptura que deu origem à ciência moderna que, apesar de ter propiciado inegáveis avanços nos vários ramos do conhecimento, apresenta-os hoje como membros isolados de um corpo que, contudo, está prestes a sucumbir à total fragmentação, o que se reflete, para espanto de alguns, no que chamamos Realidade e, conseqüentemente, em todos os aspectos da vida humana.

Partindo do princípio de que as diversas categorias ou formas do conhecimento não são arbitrárias, mas têm correspondências com os diferentes níveis de Realidade, princípio partilhado pelo pensamento tradicional, a transdisciplinaridade busca a elaboração de uma nova Filosofia da Natureza, uma nova abordagem científica e cultural que visa a reintegrar todos os ramos do conhecimento humano e harmonizar os diferentes níveis de Realidade que lhes são correspondentes, sem absolutamente ferir a identidade de cada um, mas fazendo-os dialogar e cooperar para superar o impasse a que chegaram isolados uns dos outros. Neste estudo, Basarab Nicolescu investiga as correspondências entre a física quântica contemporânea e a teosofia de Jacob Boehme, o gnóstico alemão que viveu e escreveu justamente no séc. XVII, quando a ruptura entre a física e teologia, que hoje está consumada, já se delineava.

Basarab Nicolescu nasceu na Romênia e transferiu-se para a França em 1968, onde é físico teórico e diretor do Centro Nacional de Pesquisa Científica em Paris. Além disso é fundador e presidente do CIRET (Centro Internacional de Pesquisas e Estudos Transdisciplinares), e autor, entre outras obras, de *Nous, la particule et le monde* (ed. Le Mail, Paris, 1985), um estudo transdisciplinar apoiado na física quântica. Isso tudo faz dele um excelente interlocutor entre duas visões do mundo: a cosmologia de Jacob Boehme e a da física moderna.

Nas páginas que se seguem, o leitor poderá acompanhar o que consideramos ser o primeiro encontro efetivo da ciência moderna com a gnose ocidental, o diálogo surpreendente de um físico de partículas com um grande mestre da Tradição espiritual do Ocidente.

É preciso esclarecer que entre a edição original e a presente edição existem diferenças substanciais. A mais significativa delas é a substituição, com a mais estrita concordância do Autor, da seleção de excertos da obra de Boehme por um único tratado completo de Jacob Boehme, *Os Seis Pontos Teosóficos*, que nos parece extremamente apropriado para finalizar o rico diálogo conduzido por Basarab Nicolescu na primeira parte do livro.

A versão desse tratado de Boehme ao português foi empreendida a partir da tradução francesa de L. C. de Saint-Martin (1806) e da inglesa de John Rolleston Earle (1958). Porém, o texto final traz algumas modificações resultantes da confrontação dessas traduções com nosso estudo da quase totalidade da obra de Boehme, sem o que alguns obstáculos à sua intelecção não teriam sido vencidos.

Advertimos também que as expressões entre colchetes e algumas notas de rodapé, devidamente identificadas, são inserções de nossa responsabilidade que, esperamos, possam auxiliar o leitor.

Àqueles que quiserem aprofundar-se na vida e obra de Boehme recomendamos a leitura de *A Sabedoria Divina — o caminho da iluminação* (Attar Editorial, 1994), até o momento, a única obra do autor alemão em língua portuguesa.

Por fim, gostaríamos de agradecer a Joscelyn Godwin e Antoine Faivre por seus prefácios, a Amâncio Friaça por seu auxílio na elaboração das notas referentes aos termos da cosmologia física moderna, e muito especialmente a Marcos Martinho dos Santos que nos acompanhou ao longo de todo este projeto.

Sergio Rizek
e
Américo Sommerman

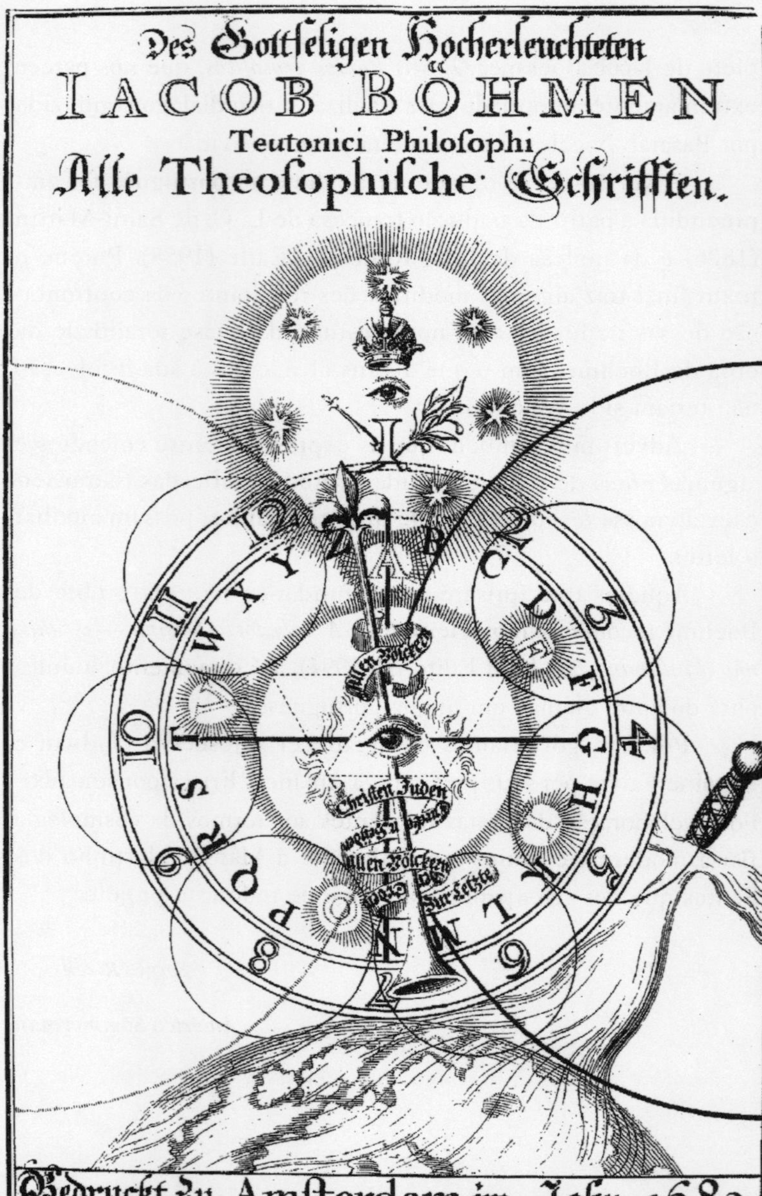

Frontispício de *As obras completas de Jacob Boehme*, por Abraham von Frankemberg, 1682

Prefácio à edição americana

Já que este livro trata da união dos opostos e da reconciliação dos contrários, é provável que atraia o interesse de dois tipos de leitores. De um lado, aqueles que suspeitam que a ciência moderna está à beira de um abismo de descobertas tão formidáveis quanto a Revolução Copernicana. A estes dirigimos nosso Prefácio. De outro, aqueles já familiarizados com Jacob Boehme ou com o esoterismo ocidental, que sentem que seus estudos filosóficos não podem permanecer alheios às questões científicas dos dias de hoje. O Prefácio de Antoine Faivre falará a estes.

Que base comum poderia servir a um diálogo entre Basarab Nicolescu, um físico moderno, e Jacob Boehme, um visionário renascentista? Para a maioria das pessoas, ciência é fato, imaginação é ficção, e ponto final. Todavia, esta cisão, que como uma fenda começou a se abrir no século de Boehme e pode começar a fechar-se no nosso, é o sintoma de uma perigosa desarmonia em nossos mundos interior e exterior. Muitas décadas atrás houve um acalorado debate, iniciado por C. P. (e mais tarde Lord) Snow, cientista britânico e também famoso romancista, a respeito do que ele chamou "Duas Culturas". Snow advertiu que as comunidades científica e humanista estavam afastando-se cada vez mais, ao ponto de tornar os membros de uma "cultura" incapazes não só de entender, mas até mesmo de avaliar a linguagem e os interesses da outra, chegando mesmo a desprezá-los. Os cientistas se emaranharam num mundo de tecnologia e pensamento quantitativo, para o qual o mundo qualitativo das artes e das letras, da filosofia e da religião não passava de um agradável adorno. De outro lado, os humanistas contentavam-se em ser analfabetos na matemática e nas ciências, seguros da superioridade de seus propósitos elevados ante trabalhos sujos como a engenharia. Snow não deixou a seu público nenhuma dúvida quanto ao perigo potencial de tal cisão.

Se, desde os anos 60 houve alguma melhora, foi provavelmente graças aos cientistas, e em especial aos físicos, muitos dos quais foram levados, pelas descobertas deste século, a tornar-se "metafísicos". Há entre os cientistas uma certa hierarquia, na medida em que os princípios fundamentais de uma ciência servem de material de estudo à outra. Engenheiros e outros técnicos não precisam questionar ou demonstrar os princípios oferecidos a eles pelas ciências teóricas, como a biologia, a química e a física. De modo geral, os biólogos apóiam-se em leis da química, enquanto os químicos se fiam nos princípios da física. Todavia, os modelos da estrutura atômica, tão úteis aos químicos, são ficções para os físicos contemporâneos. E, indo mais além, seria possível afirmar que os princípios em que se apóia o físico são estudados pelo metafísico? Em certos círculos, podemos ser perdoados por tais palavras, uma vez que nos níveis mais altos e especulativos, a física atual investiga o que está além (*metá*) do mundo físico, e trata — com que surpresa ante a própria audácia! — das mesmas questões do ser e do não-ser que outrora estavam reservadas aos filósofos.

Os humanistas podem opor-se à idéia de uma hierarquia paralela extraída de suas próprias disciplinas, a menos que lembrem que a Teologia foi tradicionalmente considerada a rainha das artes liberais, que eram baseadas antes na investigação humana que na Revelação divina. Porém, que disciplina é essa que estuda os princípios da Teologia? É uma questão delicada, para a qual há várias respostas possíveis. A primeira, e a que menos despertaria interesse nos dias de hoje, é a negação da possibilidade de haver qualquer disciplina acima das "revelações" de Escrituras como a Torá, o Corão e o Novo Testamento. Este é o ponto de vista exotérico. Em segundo lugar, e mais positivamente, há a metafísica, o estudo dos princípios de existência e não-existência, inclusive a de Deus. Este ponto de vista não está limitado pelos dogmas de religião alguma, uma vez que seus princípios, se verdadeiros, devem ser universais. A metafísica é um estudo esotérico, na medida em que não se atém às formas exteriores, mas ao lado interior *(eíso)* da religião. Basarab Nicolescu refere-se a um desenvolvimento particular dela, associado ao nome de René Guénon, sob o nome de "Tradição". Em terceiro lugar, há a teosofia, que pode ser definida genericamente como o estudo experiencial das coisas divinas.

A Teosofia, em sua investigação dos poderes por detrás e no interior do Universo, que alguns chamam Deus ou deuses, é tomada, não sem razão, com desconfiança: a história está repleta de excêntricos e fanáticos que reivindicaram tal intimidade. No entanto, de maneira muito ocasional, surge um teósofo cujas asserções pedem uma séria atenção da parte daqueles que estão em busca de Sabedoria. Jacob Boehme é um desses. Suas proposições apóiam-se tanto na sua inatacável integridade pessoal, como na fecundidade espiritual de suas descobertas teosóficas. Se Basarab Nicolescu está correto, há então uma terceira garantia: a aplicabilidade do sistema de Boehme às questões com que se depara a ciência moderna, na verdade, a humanidade moderna.

O leitor encontrará neste livro um sumário admiravelmente lúcido de algumas descobertas de Boehme, acrescido de fontes primárias provenientes dos textos do próprio teósofo. E se a questão é fecundidade, este livro é um dos mais ricos frutos que cresceram da árvore boehmiana. Colocando a questão da maneira mais simples possível, sua tese é a de que Boehme, através de alguma faculdade de visão supra-sensorial, foi capaz de contemplar o princípio que está por detrás da criação e da evolução do cosmos. Se isso for de algum modo verdadeiro, tal conhecimento deve despertar definitivamente o interesse da ciência contemporânea. Além do mais, Boehme não se limitou a explicar como o cosmos veio à existência — uma questão ainda não resolvida pela física, mas com a qual esta ao menos não se sente incomodada — mas revela também como e por que evoluiu desde então. Para discutir isso, foi forçado a abordar as qualidades últimas do bem e do mal em suas mais profundas raízes na Natureza divina. Basarab Nicolescu sugere que é chegado o tempo de a ciência deixar de abster-se de tais temas e considerações, como se fossem menos "reais" que as ondas e partículas às quais os físicos reduziram nosso mundo.

Os primeiros princípios de Boehme são as três forças metafísicas que estão por detrás da existência do Universo. Elas começam não com Deus, que é o primeiro Ser, mas com o Sem-fundo *(ungrund)* do Não-ser (ou o Além-ser), em relação ao qual mesmo o Criador e seu cosmos são como um nada, embora, paradoxalmente, dê origem a ambos. Aqui Boehme eleva ao mais alto limite o princípio hermético da polaridade como geradora da existência, e também desce à maior profundidade da questão relativa àquilo que experimentamos como "mal". A segunda série de princípios de Boehme constitui-se de sete forças que promovem o desenvolvimento do cosmos e de suas testemunhas criadoras: a mente e a alma humanas, que revelam a tragédia e a promessa subjacente à evolução cósmica e humana.

Stephen Hawking conclui seu *Uma breve História do Tempo* (1988), obra merecidamente popular, com uma enigmática reflexão sobre a existência ou não-existência de Deus, numa dramática demonstração de como em nossos dias a física lança tais questões. Infelizmente, o diálogo entre Hawking e seus leitores não poderia ir além disso, pois foi expresso ou forjado numa linguagem teológica e não metafísica e muito menos teosófica. Hawking escreveu para pessoas que, se tivessem alguma crença religiosa, provavelmente seria num nível exotérico. Por isso, a questão sobre o que é Deus e se ele "existe" ou não jamais poderia ser tratada com a necessária sutileza.

Enquanto o livro de Hawking começa com uma exposição da física e da astronomia e termina numa questão teosófica, este livro começa com uma exposição de Boehme, o teósofo, e termina num questionamento da ciência não menos penetrante que o desafio que Hawking oferece aos teístas. No entanto, talvez a abordagem deste livro seja mais frutífera, uma vez que está fundamentada nos princípios do esoterismo. A própria física foi compelida a tornar-se "esotérica", isto é, a ir além das imagens de realidade do século XIX, que ainda são aceitáveis para a maioria da humanidade. Essa compulsão adveio do que poderíamos chamar justificadamente visões e revelações de Max Planck, Albert Einstein, Neils Bohr, Werner Heisenberg e outros homens dotados de um temperamento claramente metafísico. Por outro lado, a religião declinou de ouvir os teósofos como Plotino, Mestre Eckhart e Boehme, e com isso caiu numa estagnação exotérica. Apenas no seio de uma estrutura duplamente esotérica estas duas culturas poderão reconciliar-se.

É comovente testemunhar este encontro de um físico sofisticado e cosmopolita com um homem do extremo oposto da era moderna: simples, sem escolaridade e não viajado, exceto nos caminhos interiores. Especialmente impressionante é a humildade de Nicolescu diante das revelações do sapateiro. É quase inacreditável que a obra de Boehme esteja destinada a romper o impasse imaginal e moral da ciência moderna. No entanto, nas páginas que se seguem, ocorre o inconcebível!

JOSCELYN GODWIN

Frontispício de *A signatura das coisas*, 1621

Prefácio à edição francesa

A relação entre a Natureza e o Espírito é talvez a questão mais fundamental da metafísica. Certamente é possível esquivar-se dela afirmando que só existe uma única ordem de realidade: seja a Natureza, reduzida à matéria ou a uma forma de energia; seja (seguindo o exemplo de uma corrente que se diz representante da "Tradição") o Espírito, fora do qual tudo, inclusive a Natureza em sua totalidade, não passaria de uma ilusão. O panteísmo, que não deixa a Deus lugar algum fora da Natureza, seria então uma variante desse monismo de duas faces. Pode-se também estabelecer um corte entre Espírito e Natureza, uma solução radical de sua continuidade, de onde provêm os diversos tipos de dualismo: seja o deísmo, com seu tranqüilo *Deus otiosus*, seja as figuras trágicas desenvolvidas pelas gnoses de tipo maniqueísta, prontas a lançar sobre a Natureza um anátema irrevogável.

Por outro lado, é possível conceber essa relação entre Natureza e Espírito como algo de uma complexidade rica e paradoxal. Essa abordagem não impede que um dos dois termos seja absorvido pelo outro, como resultado de um processo dialético, por exemplo: a Natureza pode ser absorvida por um espírito em busca de auto-realização. Contudo, não somos obrigados a sucumbir a essa tentativa de conceber o Ser, mesmo que absoluto, como uma espécie de antropófago. Então um caminho singularmente fecundo se abre, o caminho sempre trilhado pelo Ocidente quando o interesse pela Natureza como realidade e não uma ilusão, pela Natureza como sujeito, é acompanhado pelo questionamento do que haveria fora dela, fora do que pode ser apreendido pela observação e experimentação científicas. A tradição judaico-cristã certamente não trazia em seu germe o desdém por essas possibilidades; no entanto, a reiterada tentativa de reprimir a Natureza — o aspecto feminino, identificado confusamente à *Sophía* decantada por Jacob Boehme —, de reduzi-la e humilhá-la, é uma das mais interessantes e desconcertantes de sua história, sensível sobretudo nas igrejas institucionalizadas; pois embora no interior delas tenham florescido outras correntes — como na Idade Média, por exemplo, as Escolas de Chartres e de Oxford —, foram rapidamente esquecidas. Assim, é muitas vezes à margem das igrejas, ainda que freqüentemente ligados espiritualmente a elas, que são encontrados os homens mais inspirados, cuja relativa independência e secularidade lhes conferia certa margem de liberdade. É entre esses homens que são encontradas as mais inspiradas "Tábuas vivas ou naturais das relações que unem Deus, o Homem e o Universo", para ecoar o título do admirável livro de Louis Claude de Saint-Martin *(Tableau Naturel des Raports qui existent entre Dieu, l'Homme et l'Univers*, 1782, Lyons).

Jacob Boehme é um desses. Sem dúvida esse mestre de Saint-Martin, de Franz von Baader e de muitos outros é o maior de todos eles. Seus escritos são os de um visionário perpetuamente aberto ao reino mítico judaico-cristão, cuja inspiração faz jorrar tormentas e tempestades, lava vulcânica e um conjunto de sentidos e cores suaves ordenadas como as do arco-íris. Aceitar hipoteticamente, reconhecer em tal discurso uma dimensão profética comparável à de Ezequiel, arriscar consentir que a imaginação criadora de Jacob Boehme poderia muito bem permanecer irredutível aos caprichos de uma subjetividade fechada em si mesma, não constituiria necessariamente um ato de fé, mas revelaria uma aposta metodológica que certamente valeria o risco. É essa aposta que Basarab Nicolescu nos convida a fazer, e parece-me que ela pode ser aceita ao menos por três razões.

Em primeiro lugar, se não há mais dúvida de que a imaginação, tomada agora no mais amplo sentido do termo, exerce uma função orientadora na escolha da pesquisa, tendo inclusive influência na natureza das próprias descobertas, talvez ainda não se tenha ponderado o bastante sobre a fecundidade potencial das estruturas com vocação para a universalidade, como as encontradas em certos visionários. Cada uma dessas estruturas, afirmadas por seu autor como absoluta, parece relegar as anteriores à condição de curiosidades ultrapassadas; porém, cada uma delas mereceria sem dúvida ser reavaliada de tempos em tempos pelo pesquisador que se permite ir em busca de esquemas unificadores, que, como um órganon, poderiam ajudá-lo a lançar suas redes nas águas de sua representação do real. Entre os pensadores ocidentais que elaboraram tais estruturas figuram Raymond Lulle, Hoëné Wronski, Raymond Abelio e Jacob Boehme; mas este último foi sem dúvida o único a forjar sua chave na incandescência visionária do mítico. Ele empregou uma estrutura simbólica cuja arquitetura barroca, longe de abalar a coerência interna de seu discurso, lhe dá substância e o encarna em esquemas figurativos e concretos.

Talvez nada se tenha a perder por postular a existência de uma natureza comum, uma conatureza, entre a mente humana e o Universo, e em seguida tomar uma linha de pensamento hipotético-dedutiva, cujas implicações e dimensões Basarab Nicolescu explora aqui. Essa natureza comum significa que os dois termos, mente e Universo, estariam associados numa relação de analogia, de tal modo que a mente humana seria por vezes capaz de interiorizar — faculdade cuja noção foi desenvolvida no *Corpus Hermeticum* alexandrino do século III — e em seguida projetar, sob a forma de imagens e símbolos, as próprias estruturas que, para citar o verso do *Fausto* de Goethe, "sustentam o Universo em sua coesão mais íntima" *(Was die Welt im Innersten zusammenhält).*

Assim, Raymond Abellio, surpreso com a estreita analogia revelada por uma comparação entre os sessenta e quatro hexagramas do *I Ching* e os elementos do código genético, pôde chamar a atenção para a possibilidade dessa conatureza.

Ora, parece-me — e essa seria a segunda razão para aceitar a aposta sugerida por Basarab Nicolescu — que dentre os visionários cuja imaginação se apresenta sobretudo como "criadora", isto é, apta a recriar e, de certo modo, reproduzir as configurações arquetípicas, os que vão mais longe e de cujas obras se depreende uma impressão de autenticidade, são aqueles que tomam por fundamento, por base, por suporte de suas meditações, como trampolim e ferramenta heurística, o mítico. O mítico é, aqui, história experimentada em imagens, um cenário organizado como um tríptico: primeiro cosmogonia (ou teogonia) e antropogonia, depois cosmologia (ou cosmosofia), por fim escatologia. Em Jacob Boehme, a hermenêutica dessa história desenvolve-se sempre a partir da revelação judaico-cristã, e leva o nome de teosofia, que também se aplica à cabala judaica do *Zohar*.

O que ela nos pode oferecer? Nada menos que a possibilidade de reconstituir nosso caduceu. Se o mítico, assim compreendido, volta a ser levado a sério, graças àqueles, pouco numerosos, que escapam ao domínio dos reducionismos, e desde que o homem já não se sente em casa numa natureza que tende a tornar-se radicalmente "outra", surge, ao mesmo tempo, o questionamento sobre o sentido da ciência e de sua finalidade. É por isso que se sente uma urgente necessidade de uma Filosofia da Natureza, no sentido em que lhe atribuíam os pensadores do romantismo alemão, tais como Franz von Baader, o *Boehmius redivivus*. Uma *Naturphilosophie* não restrita por uma teologia, e muito menos por uma ideologia, mas aberta ao ontológico e apta a acolher o produto de uma transdisciplinaridade fecunda. Uma imaginação criadora como a de Jacob Boehme, lançando suas raízes — como a árvore carregada de flores e frutos que extrai do solo sua fecundidade — no terreno do mítico, estabeleceria um duplo laço, à semelhança do caduceu de Hermes, com uma ciência cuja especificidade não mais impediria o cientista de ser também um filósofo.

Há, por fim, uma terceira razão, ligada às duas primeiras, que diz respeito à própria escolha de Jacob Boehme pelo autor do presente livro. Até este momento, no século XX, o caráter embrionário de uma *Naturphilosophie*, que ainda não tomou corpo, apresenta-se sobretudo sob a forma de comparações ou aproximações entre um real descrito pela ciência e imagens tomadas do simbolismo de diversas tradições religiosas. Nada há nisso que seja contrário às orientações sugeridas acima; contudo essas aproximações, como a do Tao à física, por mais atraentes que possam ser, resultam essencialmente estéticas e, por falta de fundamento ontológico, não servem por si mesmas como prolegômenos de uma Filosofia da Natureza. Se é verdade, como insiste Basarab Nicolescu, que os graus de realidade "correspondem" aos do Imaginário, as comparações até aqui oferecidas a nós convidam-nos a considerarmos apenas os primeiros graus ou ordens de realidade a serem percorridos. Enfim, verifica-se que a grande maioria dessas comparações tomam suas imagens de tradições do Extremo-Oriente, como se nosso solo ocidental, ainda tão mal explorado sob esse enfoque, não estivesse pronto a revelar sua beleza, como se não contivesse jazidas teosóficas, alquímicas e herméticas a serem exploradas, com riquezas sem dúvida mais acessíveis que as exóticas pérolas do Oriente. São essas jazidas que devem orientar nossa busca, e, também por isso, saudamos o surgimento do livro de Basarab Nicolescu como um importante acontecimento.

ANTOINE FAIVRE

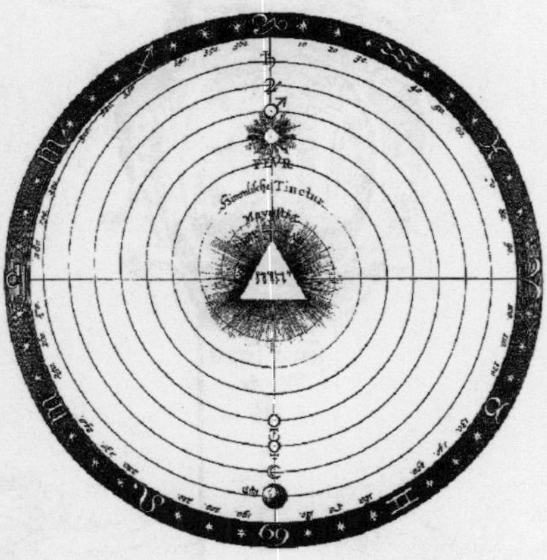
FEVR
Himmlische Tinctur
Mayestät
יהוה

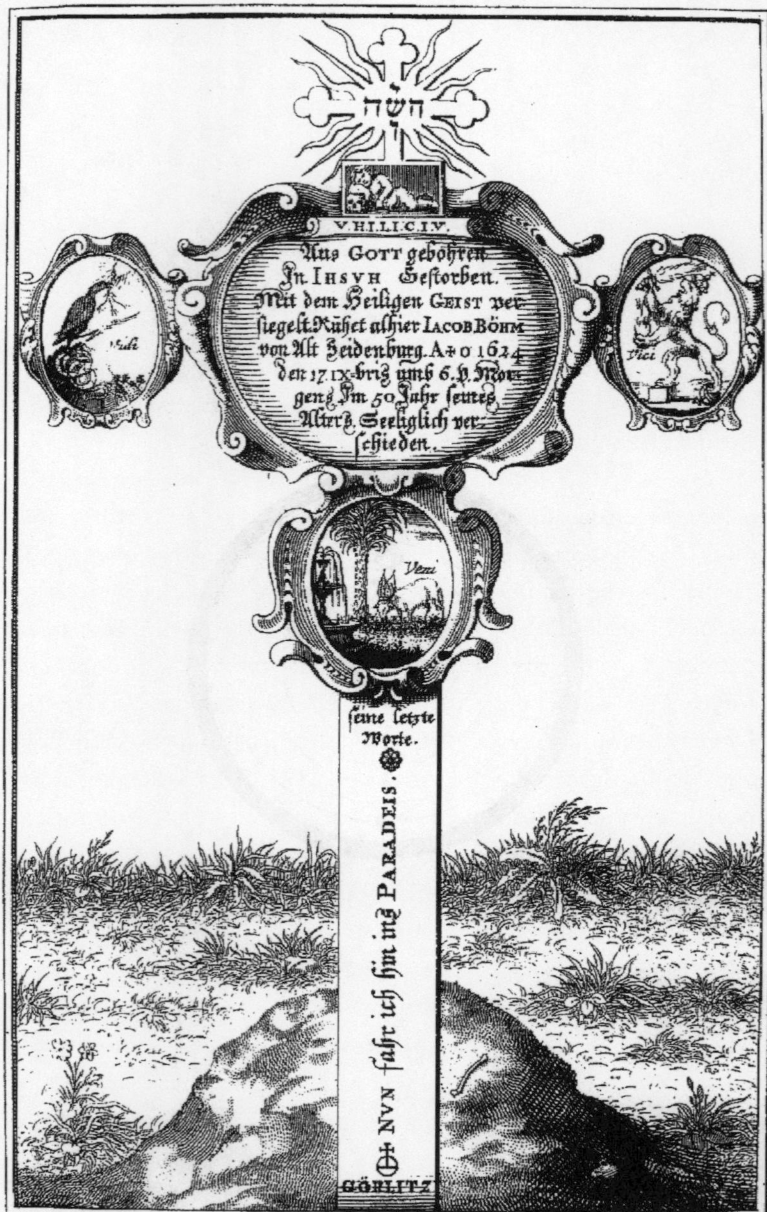

Reprodução do túmulo de Boehme que introduz o "Breve relato sobre a vida de Jacob Boehme", de Abraham von Frankenberg, *Obras completas*, 1682

Introdução

Por que escrever sobre Jacob Boehme nos dias de hoje?

Alguns possíveis mal-entendidos devem ser claramente dissipados desde o início.

Jacob Boehme (1575-1624) é um gigante do pensamento ocidental, e sua obra foi objeto de incontáveis comentários, eruditos e competentes. Bem pouco conhecido na França, com exceção de um pequeno círculo de especialistas, Boehme foi, contudo, beneficiado por ao menos dois ensaios críticos dirigidos a um público mais amplo: *La philosophie de Jakob Boehme*, de Alexandre Koyré,[1] e *La naissance de Dieu* ("O nascimento de Deus"), de Pierre Deghaye.[2] O presente livro não é uma obra de erudição, nem uma obra de divulgação do pensamento de Jacob Boehme, pois a especialização do Autor é em outra área, isto é, no campo científico. Trata-se simplesmente de um esboço de leitura pessoal, oferecido por um homem de cultura interessado no advento de uma nova racionalidade no mundo contemporâneo.

Outro mal-entendido responsável por deturpações nada inocentes, tais como "um grande místico visto por um físico contemporâneo", ou "os físicos e o irracional", também deve ser dissipado com vigor. Em primeiro lugar, Jacob Boehme não é realmente um místico, mas antes um representante da Gnose. Aquele que Hegel chamou "o primeiro filósofo alemão"[3] e cuja obra exerceu clara influência sobre personalidades tão diversas quanto Newton, Novalis, Schlegel, Goethe, Fichte ou Schelling é parte integrante de nossa cultura. Portanto, é normal que um físico, convencido de que a ciência é parte da cultura e que o diálogo entre as diversas formas de conhecimento é mais necessário que nunca nos dias de hoje, investigue a obra de Boehme numa perspectiva moderna.

Mais precisamente, o presente livro nasceu do encontro de uma paixão e uma questão, uma busca.

Há pouco mais de quinze anos, minhas leituras levaram-me, por acaso, a descobrir a obra de Boehme, e foi uma revelação. É certo que Boehme tem a reputação de escrever de um modo muito obscuro, e sua linguagem pode desnortear e inclusive irritar o leitor moderno; porém, quando a estrutura da interpretação simbólica — a única apropriada — é utilizada, a obra de Boehme torna-se límpida, e é lida com a mesma facilidade de uma novela policial — uma novela que abarca tudo o que existe ou é concebível: a Divindade, o cosmos e nós mesmos.

Essa paixão ajudou-me a explorar uma questão já formulada em meu livro *Nous, la particule et le monde*:[4] por que razão a ciência moderna foi gerada pelo Ocidente? Nas numerosas obras pertencentes à maré de orientalismo que vigora nos dias de hoje, afirma-se que as concepções extremo-orientais são muito semelhantes às encontradas na base da física moderna. No entanto, a ciência moderna nasceu aqui, no Ocidente. Os argumentos de ordem histórica ou econômica não são suficientes para responder a uma questão tão ampla. Um estudo que penetre a maior intimidade do modo de pensar e do imaginário que conduz a determinada visão do mundo, característica de uma dada época, é indispensável para uma aproximação rigorosa a essa questão. Nesse contexto, a obra de Jacob Boehme parece-me um caso exemplar, pois ilustra todo um ambiente espiritual e cultural que continha o germe da ciência moderna.

A obra de Jacob Boehme pode conduzir-nos ainda mais longe, ajudando-nos a descobrir a existência de um profundo vínculo entre a Tradição ocidental e a física moderna. A ciência moderna define-se, de maneira geral, por uma ruptura com a religião ou a

Tradição, semelhante à de uma criança que saiu do ventre da mãe. Porém, apesar de tudo, mesmo quando se torna adulta, não mantém a criança um vínculo, ainda que apenas genético, com sua mãe? Em nossos dias, absolutiza-se a ruptura entre a ciência e a Tradição, proclamando-se que qualquer convergência é perigosa e ilusória.[5] As exceções a esse preconceito são raras, entre as quais se poderia citar a importante obra de Charles Mozaré, *Les origines sacrées des sciences modernes*.[6] Recolhendo os frutos de uma extensa e erudita pesquisa, Charles Mozaré conseguiu identificar algumas constantes estruturais, como por exemplo as figuras do triedro e do tetraedro, que cruzam as fronteiras entre ciência e Tradição. Porém, creio poder afirmar que a obra de Boehme, novamente tratada como um caso exemplar, nos permite alargar esse quadro um tanto quanto estreito. Podemos então descobrir, para além de diferenças metodológicas, uma continuidade no mais elevado nível de uma verdadeira visão do mundo, que se alimenta de tudo que o tempo histórico lhe pode trazer.

O leitor pode compreender então que situo resolutamente a obra de Jacob Boehme na modernidade. Partilho por completo a opinião de Pierre Deghaye, quando afirma: "Não faremos de Boehme o precursor de uma Filosofia moderna. Consideramos sua sabedoria por si mesma... Os desdobramentos de seu ensinamento muitas vezes a ocultam. Para redescobrir Boehme, é preciso desprender-se da literatura romântica e da Filosofia idealista. É preciso esquecer sobretudo Hegel".[7] Mas não posso concordar quando ele escreve: "Boehme nada tem de um filósofo moderno. Seu pensamento não se desenvolve no plano da especulação abstrata".[8] Por que reduzir toda a Filosofia moderna à especulação abstrata? Isto é verdade para boa parte da Filosofia ocidental, aquela de forte tradição literária, que ignora o vivido, o aspecto experiencial, e sobretudo a ciência. Mais precisamente, a maioria dos filósofos preferem ou ignorar a ciência, concebendo-a como um conjunto de receitas operativas de um ponto de vista meramente técnico, que nada têm a dizer sobre o plano ontológico, ou invocá-la de tempos em tempos apenas como uma breve ilustração que atenda às suas conveniências. Ora, hoje em dia a ciência é capaz de dar um novo alento à Filosofia. Ela não é redutível à especulação abstrata, pois concerne essencialmente à resistência da Natureza às nossas representações e experiências. Neste sentido, a ciência representa momentos da *história do real*. Como é possível conceber uma Filosofia moderna que ignora a história do real?

Por isso pode-se compreender por que considero Jacob Boehme não um *precursor* de uma Filosofia moderna, mas um *filósofo moderno*. Como todos os grandes textos da humanidade, os escritos de Jacob Boehme estão vivos: alimentam-se do tempo e da história. É verdade que sua obra está fundada numa experiência *vivida*, cujas raízes profundas podem ser concebidas fora do espaço e do tempo, fora da geografia e da história. Mas ela nos oferece uma visão da dupla natureza da Natureza: uma Natureza que é *ao mesmo tempo* eterna e ancorada no tempo.

Como o físico moderno, Jacob Boehme é perseguido pela idéia da invariância dos processos cósmicos e pela paradoxal coexistência de unidade e diversidade. Tudo é movimento, em criação e aniquilação contínuas, numa gênese perpétua em que nada é estável e permanente. Porém, esse movimento não é caótico, anárquico; é estruturado e organizado, em função de uma ordem cuja natureza é certamente complexa e sutil, e no entanto perceptível. Como Boehme nos diz incessantemente: "mesmo Deus é engendrado por esse movimento; Ele nasce não no Mundo mas com o Mundo".

A ausência de um sistema de valores adaptado à complexidade do mundo moderno pode conduzir-nos à destruição de toda a nossa espécie. A formulação de uma nova Filosofia da Natureza parece-me, nesse contexto, de imediata urgência. Jacob Boehme está entre nós nessa busca: ele é nosso contemporâneo.

Bibliografia e notas

1. Alexandre Koyré, *La Philosophie de Jakob Boehme*, ed. Vrin, 1971.

2. Pierre Deghaye, *La Naissance de Dieu ou La doctrine de Jakob Boehme*, Albin Michel, Coleção *Spiritualités Vivantes*, 1985.

3. G. W. F. Hegel, *Conférences sur l'histoire de la philosophie*, 1817, em *Jakob Boehme*, Albin Michel, Coleção Cahiers de l'Hermétisme, 1977, p. 111.

4. Basarab Nicolescu, *Nous, la particule et le monde*, Le Mail, 1985.

5. Henri Atlan, *A Tort et à raison*, Seuil, 1986.

6. Charles Mozaré, *Les Origines sacrées des sciences modernes*, Fayard, 1986.

7. Pierre Deghaye, *La Naissance de Dieu ou La doctrine de Jakob Boehme*, *op. cit.*, p. 20.

8. *Ibid.*, p. 19.

Frontispício do *Diálogo entre uma Alma iluminada e outra em busca da Iluminação*, 1624

CAPÍTULO I

Jacob Boehme, o homem

Para os que têm familiaridade com a obra de Jacob Boehme, o que surpreende em sua vida é seu caráter relativamente prosaico, muito distante dos clichês associados à vida dos "iluminados" e dos "místicos".

Este cidadão de Görlitz, Alemanha, membro da corporação dos sapateiros, casa-se com a filha de um açougueiro e tem vários filhos. Após vender sua sapataria, abre uma loja de fios. Segundo Alexandre Koyré, "em 1619 e 1620, encontramo-lo em Praga comerciando luvas de lã, comprando-as dos lusacianos para revendê-las no mercado".[1] É verdade que seu inimigo Gregor Richter, pastor-primaz de Görlitz, acusa-o de ser um herético perigoso: Boehme é perseguido e inclusive detido por um curto tempo e, alguns dias após sua morte, os habitantes de Görlitz quebram e profanam sua cruz funerária. Contudo, ainda assim, Jacob Boehme teve morte serena, em seu próprio leito, depois de uma doença relativamente banal.

O mistério de Jacob Boehme está em outra parte: em suas experiências de "iluminação". Aos vinte e cinco anos, tem uma experiência fundamental, a base de toda sua obra: quando fitava o brilho de um vaso de estanho, sentiu-se subitamente atravessado por um extraordinário fluxo de informações sobre a natureza oculta das coisas. Num primeiro momento essas informações são-lhe incompreensíveis, e ele espera *doze anos* para compreender plenamente o que lhe foi "dado" nesse momento inesquecível. Uma pessoa que, em nossos dias, tivesse uma experiência como essa, começaria imediatamente a dar conferências, fundaria um grupo de discípulos e escreveria *best-sellers*. Mas Boehme espera doze anos, em quase total silêncio, a fim de analisar, decifrar e explicar o que "viu" naquele momento de graça. É dessa gestação que nasce esse texto magnífico, único, chamado *A Aurora Nascente*.[2]

Aliás, Boehme mantém-se sempre muito discreto quanto às suas experiências de iluminação e, em particular, quanto à experiência fundamental de 1600. Mas quando ele a evoca, sua força e sinceridade são cativantes e perturbadoras. Numa carta enviada a Caspar Linder, aduaneiro em Beuthen, em 1621, ele escreve: "Abriu-se para mim uma larga porta; em um quarto de hora, vi e aprendi mais do que veria e aprenderia em muitos anos de Universidade. Isso surpreendeu-me enormemente, eu não sabia o que me ocorria, e meu coração pôs-se a louvar Deus. Vi e compreendi o Ser dos seres!,... a eterna geração da Santíssima Trindade, a origem e o estado original deste mundo e de todas as criaturas".[3] [Epístolas Teosóficas: epístola 12, vers. 7 e 8]

Em *A Aurora Nascente*, o caráter fundamental dessa visão é afirmado com uma clareza ainda maior: "Nessa luz meu espírito viu subitamente através de todas as coisas, e reconheceu em todas as criaturas, plantas e ervas o que é Deus, como Ele é, e o que exatamente é Sua vontade. E, nessa luz, num instante, minha vontade foi tomada por um grande impulso de descrever o Ser de Deus. Porém, como não pude penetrar o profundo engendramento de Deus em sua essência, nem compreendê-lo em minha razão, passaram-se quase doze anos para que o verdadeiro entendimento disso me fosse dado (...) Foi isso que ocorreu em meu espírito: o primeiro fogo era apenas uma semente, e não a luz perene. Depois disso muitos ventos frios assolaram meu espírito, mas a vontade nunca se extinguiu".[4]

Apesar da discrição de Boehme, fica claro que, durante esses doze anos de silêncio, ele teve de passar por consideráveis provações interiores em sua tentativa de reconciliar a riqueza da experiência e a pobreza da palavra escrita em explicá-la. Ele fala de um "horrível abismo": "Meu sol muitas vezes se eclipsou para mim...".[5] E também escreve: "... quando o Espírito se retira de mim, não compreendo minhas próprias obras".[6] Sapateiro, mercador de luvas, responsável pela subsistência material de uma família, Boehme confessa sinceramente a tentação de abandonar seu chamado: "E quando me ocupei de minha vida animal e tomei a resolução interior de abandonar meu empreendimento, as portas do céu fecharam-se ao meu conhecimento".[7] Contudo, ele passa por essas provações interiores e atinge um poderoso ponto de equilíbrio, no qual a palavra escrita não mais trai a riqueza da experiência: "... isto foi-me imposto como uma obra que devo fazer. Portanto, se isto é minha obra e esta persegue meu espírito, quero escrevê-la como um memorial, como ela se dá a conhecer a meu espírito e como cheguei a ela, e não acrescentarei nenhuma coisa estranha, que eu mesmo não tenha experimentado ...".[8] Quantos livros de filosofia jamais teriam sido escritos se outros tivessem seguido o magnífico preceito de Boehme.

Jacob Boehme desconfia de qualquer evidência da razão racionalizante que, sem estar fundada numa experiência interior, roda em círculos, não podendo conduzir senão à mentira, quiçá ao delírio, por mais lógico que seja: "Li muitos livros de grandes mestres, esperando encontrar neles a base e a verdadeira profundidade, mas encontrei apenas um espírito meio-morto ...".[9] Quanto a seu método de escrever, Boehme o desvela com clareza: "Vós deveis saber que não extraio isto da razão morta, mas meu espírito qualifica-se* com Deus, prova e experimenta a Divindade, e sente como ela é em todos os seus engendramentos".[10] E também escreve: "Em nossos escritos, não se deve procurar conhecimento histórico algum (...) Carregamos, é verdade, o tesouro celeste num vaso terrestre, mas é preciso haver um receptáculo celeste oculto no terrestre, do contrário o tesouro celeste não é compreendido nem recebido. Que ninguém pense que é por meio de pesquisas e pensamentos profundos que se encontra o lírio da vegetação celeste, sem que se entre na regeneração pelo sincero arrependimento, de maneira que aquela flor cresça em nós por si. De outro modo, isto não passará de uma mera história na qual a mente nunca encontrará o princípio, o verdadeiro fundamento...".[11]

Um leitor desatento poderia concluir que Boehme é um adversário da razão. Num recente congresso organizado pela Universidade da Picardia, um pesquisador, apesar de bem informado, afirmou de maneira taxativa que Boehme quer "fazer com que a razão e o entendimento se digladiem com raiva e fúria".[12] A nosso ver, isso é um absurdo. Boehme não é um adversário da razão *ela mesma*, mas da razão *morta*, separada de qualquer experiência e gerada por um mero mecanismo associativo mental. Muito pelo contrário, Boehme é um amante da razão e da inteligência, e o presente livro é justamente um testemunho desse fato. Todavia, a racionalidade da obra de Boehme é uma racionalidade viva, enraizada na experiência. O que representam esses doze anos de silêncio senão um sacrifício em nome da razão? Por que ele teria escrito tantos livros, senão para tentar explicar, analisar e racionalizar uma

---

* Na edição francesa, Basarab Nicolescu mantém o termo *inqualifier* utilizado por Louis Claude de Saint-Martin em suas traduções das obras de Boehme. Segundo o tradutor, o termo *inqualifier* (inqualificar) significa "a interação ativa e simultânea de diversas faculdades, que resulta numa impregnação mútua" (Advertência do tradutor, "A Aurora Nascente" *op. cit.*). Optamos por traduzir o termo por "qualificar", como nas traduções inglesas, que o vertem para *qualifieth* (qualificar).(N.T.)

experiência? A racionalidade de que falamos aqui é, por certo, infinitamente mais rica do que aquela à qual nos habituaram os grandes oradores deste século, profetas do vazio e do nada, sacerdotes do niilismo, do determinismo mecânico e do positivismo.

A racionalidade da obra de Jacob Boehme pode ser pressentida pela metáfora da árvore, tão freqüente em seus escritos: "O jardim em que está essa árvore significa o mundo; o solo significa a natureza; o tronco da árvore, as estrelas; os ramos, os elementos; os frutos que crescem da árvore, os homens; a seiva da árvore, a pura Divindade...".[13] Antoine Faivre, retomando essa metáfora da árvore, aponta a importância contemporânea da racionalidade da obra de Boehme: "Uma única árvore pode ser descrita de mil maneiras, mas talvez todas as descrições oscilem entre dois pólos: uma árvore completamente nua — o que é uma simples abstração — e uma árvore cheia de uma viva exuberância. À árvore de Descartes quero contrapor a de Boehme... O mais importante de tudo é cuidar para que nossa árvore ocidental permaneça viva, repleta de cores, flores e frutos, que a seiva a nutra e penetre, e ela não se assemelhe mais à uma árvore morta numa paisagem invernal, como uma imagem formal e abstrata de um ser exangue".[14] Este é um importante empreendimento contemporâneo, pois o que está em jogo é nossa própria vida e a vida deste mundo. O que Boehme escreveu sobre sua época permanece plenamente válido para nosso próprio mundo: "Os homens de hoje consideram a santa Luz mera história ou conhecimento mnemônico. Pensam ser fé o que professam com suas bocas, mas o Espírito não opera por elas".[15]

Jacob Boehme muitas vezes declarava ser um "homem simples",[16] e ficava perplexo e admirado com o conjunto de sua obra, que se impunha a ele como uma imperiosa necessidade. Com efeito, nada parecia predispô-lo a essa "abertura" fundamental de 1600. Aliás, qual foi a natureza dessa abertura? De onde veio esse extraordinário fluxo de informações que ele certamente não extraiu da leitura dos poucos livros que havia em sua casa? Qual é o mecanismo pelo qual a razão chega a decifrar os dados de uma experiência *grosso modo* "irracional" [ou supra-racional] sem traí-la? No atual estado dos conhecimentos, seria vão tentar responder a essas questões. O que se poderia fazer seria invocar, ao menos, o termo *imaginal*, introduzido por Henry Corbin[17] para designar o imaginário, a imaginação verdadeira: criadora, visionária, essencial, alicerçadora. Sem esta *visão* criadora, o real dissolve-se num encadeamento sem fim de imagens veladoras, deformantes e mutiladoras.

A aposta de Jacob Boehme era e continua sendo um desafio crucial: conciliar, embora guardando as especificidades recíprocas, princípios opostos: racional e "irracional" [ou supra-racional], matéria e espírito, finalidade e não-finalidade, bem e mal, liberdade e lei, determinismo e indeterminismo, imaginário e real, conceitos que, aliás, diante de sua filosofia, aparecem como pobres e risíveis aproximações de conceitos infinitamente mais ricos.

Tal filosofia do contraditório, fundada numa experiência interior, só poderia exprimir-se numa linguagem apropriada, distinta da linguagem ordinária e discursiva, fundada na sólida lógica aristotélica.

Assim, não é surpreendente que mesmo os amantes da obra de Jacob Boehme sejam confundidos por sua linguagem. Alexandre Koyré, por exemplo, considera Boehme um "bárbaro".[18] Ele vê sua linguagem como "embaraçada e gaguejante": "Como dissemos, Jacob Boehme é um dos pensadores mais enigmáticos do Universo, e talvez seus livros sejam os mais mal escritos que existem (...) Para exprimir-se, Boehme escreve como fala, e só fala como pensa. Para ele a palavra não é um aparato de notação conceitual, é a expressão viva de uma realidade viva ...".[19] Koyré acrescenta que "Boehme fala de tudo em relação a tudo. Cada uma de suas obras é uma exposição completa de todo o seu sistema, e as repetições são tão freqüentes quanto as contradições (...) Ninguém, exceto talvez Paracelso, emprega uma linguagem tão bárbara, tão grosseira ...".[20]

O próprio Boehme reconhece as dificuldades de uma linguagem adaptável à sua filosofia: "Ah, se eu tivesse uma pena digna de um homem e pudesse então pôr por escrito o espírito do conhecimento! Contudo só posso balbuciar esses grandes mistérios, como uma criança que começa a falar; pois a língua terrestre não seria capaz de exprimir o que o Espírito apreende e compreende. Não obstante, arriscarei fazê-lo, para ver se posso incitar alguns a buscar a pérola, de modo que eu também possa trabalhar na obra de Deus ..., pois o desejo pela matriz eterna conduz-me a escrever e exercitar assim meu conhecimento".[21]

O milagre é justamente o fato de Boehme ter encontrado por si mesmo a linguagem apropriada à sua filosofia: a linguagem simbólica, tão corrente no pensamento tradicional. "O simbolismo é (...) uma representação que torna manifesto um sentido secreto; é a epifania de um mistério", escreve Gilbert Durand.[22] O símbolo realiza em si mesmo a unidade dos contraditórios e, para ser entendido, pressupõe a interação sujeito-objeto. Está fundado na lógica do terceiro termo, que requer uma linguagem que rompa com a linguagem natural.

O símbolo é um maravilhoso organismo vivo que nos ajuda a *ler* o mundo. Ele nunca tem um sentido último e exclusivo. Sua *precisão* consiste justamente no fato de ele ser capaz de abarcar um número indefinido de aspectos da Realidade. Com isso, somos obrigados a aceitar uma *relativização* de nossa maneira de ver. Essa relativização só pode estar presente se o símbolo é concebido em movimento e quando nós próprios o vivemos. O símbolo impõe uma neguentropia progressiva da linguagem, uma ordem crescente, um aumento da informação e da compreensão na medida em que vai atravessando os diferentes níveis de Realidade.

Por isso a simples leitura da obra de Boehme parece bastar para convencer-nos da precisão de sua linguagem. Ainda que a quase unanimidade dos especialistas da obra de Jacob Boehme admitam que *A Aurora Nascente* é apenas o "primeiro esboço" de seu "sistema" filosófico,[23/24] estou persuadido a acreditar, como Hegel, que este continua sendo seu texto fundamental; pois, ao menos do meu ponto de vista, é nele que a abordagem simbólica de Jacob Boehme se manifesta em toda sua riqueza e esplendor. Os outros livros de Boehme, embora aprofundem as idéias já presentes n'*A Aurora Nascente* e também introduzam outras novas, representam, em minha opinião, um esforço de racionalização, numa linguagem mais próxima da lógica binária, através de uma aceitação parcial dos símbolos. Talvez isso explique a maior fascinação que eles podem exercer num leitor ocidental moderno. Porém, antes de tudo, a obra de Boehme forma um todo, e a aceitação parcial dos símbolos é tão enriquecedora quanto o choque produzido pelo encontro com sua plena manifestação.

Bibliografia e Notas

1. Alexandre Koyré, *La philosophie de Jakob Boehme*, ed. Vrin, 1971, p. 51.
2. Todas as citações que Basarab Nicolescu faz dessa obra partem da tradução mais consagrada desse texto ao francês: *L'Aurore Naissante*, trad. Filósofo Desconhecido (Louis Claude de Saint-Martin), de 1800, (ed. Arché, Milão, coleção Sebastiani, 1977). Porém, na versão da presente obra ao português, utilizamos tanto esta como também a consagrada tradução ao inglês empreendida por John Sparrow, em 1656 (*The Aurora*, ed. Sure Fire Press, Edmonds, 1992). Procuramos sempre cotejá-las e extrair o melhor de cada uma delas, buscando a maior clareza do sentido original; porém, na maioria das vezes, mantivemos as referências constantes da edição francesa.
3. Jacob Boehme, Carta a Caspar Linder: *Les Épîtres Theosophiques*, Éditions du Rocher, Mônaco, 1980, 12ª epístola, p. 196, vers. 7 e 8.
4. *L'Aurore Naissante*, trad. Louis Claude de Saint-Martin, p. 313.
5. *Ibid.*, p. 212.
6. *Ibid.*, p. 79.
7. *Ibid.*, p. 420.
8. Jacob Boehme, *Des Trois Principes de l'essence divine*, trad. Louis Claude de Saint-Martin, Éditions d'Aujourd'hui, 1985, tomo II, p. 282; e *Concerning the Three Principles of the Divine Essence*, trad. John Sparrow, 1648, ed. John M. Watkins, Londres, 1910, p. 658 e 659.
9. *L'Aurore Naissante*, *op. cit.*, p. 156.
10. *Ibid.*, 401.
11. Jacob Boehme, *Des Trois Principes de l'essence divine*, *op. cit.*, tomo II, p. 396 e 397.
12. Heinz R. Schmitz, "L'expérience mystique de Jakob Boehme et son projet philosophique", em *Jakob Boehme*, atas do Colóquio organizado pelo *Centre d'Études et de Recherches Interdisciplinaires de Chantilly* (C.E.R.I.C.), Vrin, 1979, p. 23.
13. *L'Aurore Naissante*, *op. cit.*, p. 24.
14. Antoine Faivre, *La Critique boehmienne de Franz von Baader (Contribution à l'étude de l'influence de Jakob Boehme en Allemagne)*, em *Jakob Boehme*, atas do Colóquio organizado pelo *Centre d'Études et de Recherches Interdisciplinaires de Chantilly* (C.E.R.I.C.), *op. cit.*, p. 148 e 149.
15. *L'Aurore Naissante*, *op. cit.*, p. 334 e 335.
16. *Ibid.*, p. 65.
17. Henry Corbin, *Mundus imaginalis ou l'imaginaire et l'imaginal*, Conferência do Colóquio de Simbolismo, Paris, 1964. Reeditado na obra de Henry Corbin, *Face de Dieu, face de l'homme*, "*herméneutique et soufisme*", ed. Flammarion, 1983.

18. Alexandre Koyré, *La philosophie de Jakob Boehme*, *op. cit.*, p. 503.

19. *Ibid.*, p. XV.

20. *Ibid.*, p. XI.

21. *Des Trois Principes de l'essence divine*, *op. cit.*, tomo I, p. 92 e 93.

22. Gilbert Durand, *L'Imagination symbolique*, ed. Quadrige/PUF, 1984, p. 13.

23. Alexandre Koyré, *La philosophie de Jakob Boehme*, *op. cit.*, p. XI e XII.

24. Mesmo Louis Claude de Saint-Martin, o fiel tradutor de Boehme, considera *A Aurora Nascente* "a mais informe de suas obras". (Ver a advertência com que ele abre sua tradução dessa obra de Boehme ao francês, *op. cit.*, p. 8.)

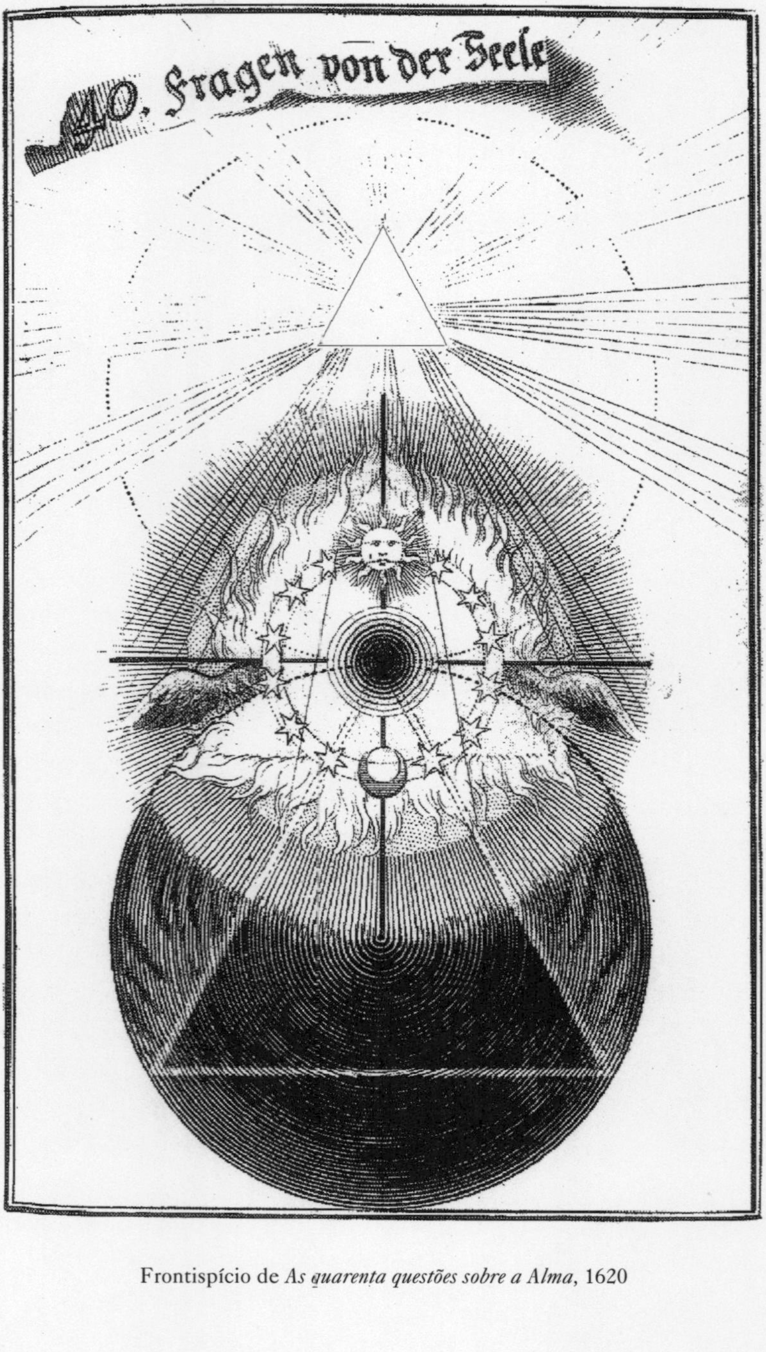

Frontispício de *As quarenta questões sobre a Alma*, 1620

CAPÍTULO II

Estrutura e auto-organização no universo boehmiano

Creio que, para um leitor contemporâneo, o maior interesse da obra de Jacob Boehme reside numa idéia que atravessa toda a sua obra como um eixo: a de que tudo o que existe é regido por um número muito restrito de leis gerais. Boehme oferece-nos um rigoroso esquema formal, fundado na *interação* entre uma lógica ternária e uma estrutura (auto)organizadora setenária, através do qual nos propõe a leitura de nosso mundo, de todos os cosmos e mesmo da Divindade. As implicações desse esquema formal são consideráveis para a problemática moderna de liberdade e opressão, determinação e indeterminação, ordem e desordem, evolução e involução, que analisaremos em detalhe.

Desde o início, essa idéia de um número muito restrito de leis gerais é extremamente interessante. Ela estabelece um novo método de aproximação da Realidade, que pode ser chamado "hipotético-dedutivo". Pressentida por Kepler e estabelecida por Boehme, essa idéia torna a ser encontrada nas ciências de ponta dos dias de hoje: postula-se um número restrito de leis, amiúde muito abstratas, matemáticas — portanto distantes da realidade diretamente observável —, e deduzem-se as conseqüências dessas leis para, *em seguida*, compará-las aos dados experimentais. O método inverso, pelo qual se tentam deduzir leis gerais a partir dos dados experimentais, pertence às ciências que ainda não estão matematizadas, isto é, formalizadas.

Aliás, o fato de Kepler (1571-1630) e Galileu (1564-1642) serem contemporâneos de Boehme (1575-1624) não nos parece ser mera coincidência histórica. Suas obras representam três diferentes ramos de um mesmo tronco comum: o pensamento cristão. Trata-se de três cristalizações diversas de um só e mesmo meio cultural e espiritual. Boehme, o herético do pensamento cristão; Kepler, o homem de transição entre o pensamento tradicional e o pensamento científico moderno; Galileu, o homem da ruptura e reconhecido fundador da ciência moderna.

Uma das teses principais do presente livro é precisamente a de que a reflexão cristã sobre a Trindade — cujo apogeu é, em minha opinião, a doutrina de Boehme — constitui o terreno que permitiu o nascimento da ciência moderna. A questão "por que a ciência moderna nasceu no Ocidente?" é, assim, clareada com uma luz um tanto quanto inesperada.

a. A estrutura ternária

Na cosmologia de Boehme, a Realidade tem uma estrutura ternária, determinada pela ação de três princípios: "A fonte das trevas é o primeiro princípio; a força [ou virtude] da Luz é o segundo princípio, e a extrageração [geração exterior], que sai das trevas pela força da Luz, é o terceiro princípio...".[1]

Esses três princípios são independentes, mas ao mesmo tempo os três interagem *simultaneamente*: engendram-se uns aos outros, permanecendo distintos. A dinâmica de sua interação é uma *dinâmica da contradição*: poder-se-ia falar de uma força negativa correspondente às trevas, uma força positiva correspondente à Luz, e uma força conciliadora correspondente ao que Boehme chama "extrageração". Trata-se de uma contradição entre três pólos, entre três polaridades radicalmente opostas e no entanto vinculadas, na medida em que nenhuma pode existir sem as outras.

Os três princípios têm um caráter *virtual*, pois existem fora do nosso *continuum* espaço-tempo. Como conseqüência disso eles são, em si mesmos, invisíveis, inapreensíveis, imensuráveis: "Entendemos, então, que o Ser divino, na triplicidade no Sem-fundo (*ungrund*),* habita em si mesmo, mas engendra para si um fundo, um fundamento (*grund*) em si mesmo... no entanto não se deve entendê-lo como uma substancialidade, mas como um espírito triplo, onde um é causa da geração do outro. E esse espírito triplo não é mensurável, divisível ou sondável, pois não pode ser encontrado em lugar algum; ele é ao mesmo tempo o Sem-fundo (*ungrund*) da eternidade, que se engendra a si mesmo, em si mesmo num Fundo (*grund*)".[2] O fundamento da Trindade não está "submetido a localidade, limite ou lugar, e não tem lugar algum por repouso...".[3]

É importante ressaltar que é justamente esse processo de contradição que permite a *manifestação*. O Deus oculto (*Deus absconditus*) não é uma pura transcendência. Pela existência dos outros dois pólos da contradição ternária, pode mostrar-se, manifestar-se e responder a seu *desejo de se conhecer a si mesmo*. Assim, as três forças correspondentes aos três princípios estarão presentes em qualquer fenômeno da Realidade: "E não se pode estabelecer

---

* *Ungrund* — termo alemão criado por Boehme para expressar a indeterminação absoluta da Divindade em si mesma, anterior a toda manifestação. Pode ser associado ao *Ain Sof* (o Infinito, o Ilimitado) da cabala judaica. Traduzido ao francês por "sans-fond", ao inglês por "unground" ou "boundless", e ao português por "sem-fundamento" ou "sem-fundo", este termo foi depois integrado à nomenclatura da filosofia alemã. (N.T.)

ou encontrar lugar algum em que o espírito da tri-unidade não esteja presente: está em todos os seres [ou substâncias], embora oculto, pois habita em si mesmo, é uma essência que preenche todas as coisas ao mesmo tempo...".[4] O Deus oculto torna-se assim Deus manifesto (*Deus revelatus*). Nesse contexto, é extremamente interessante notar o papel que Boehme atribui ao nosso próprio mundo.

Os três princípios engendram três mundos distintos, que no entanto estão imbricados uns nos outros: o mundo de Fogo, o mundo de Luz e o mundo exterior. "E assim devemos entender um ser triplo, ou três mundos uns nos outros. O primeiro é o mundo de Fogo, que provém do centro da Natureza (*centrum naturae*)... E o segundo é o mundo de Luz, que habita a liberdade, o Sem-fundo, fora da Natureza, e provém do mundo de Fogo... Ele habita o Fogo, e o Fogo não o apreende. E este é o mundo do meio [ou intermediário]... O terceiro é o mundo exterior, o qual habitamos com o corpo exterior, com as obras e essências exteriores. Ele proveio do mundo tenebroso e também do mundo luminoso...".[5]

O mundo exterior, o nosso mundo, aparece assim como um mundo de verdadeira *conciliação*. Ele *não é* o mundo da queda, o mundo da culpabilidade do homem, de sua proscrição e decadência na matéria. Como o nota com muita pertinência Pierre Deghaye, nosso mundo é um *mundo de reparação*: "O corpo de Lúcifer abrasou-se e destruiu-se. Ora, esse corpo era o Universo que precedeu o nosso. Foi como conseqüência dessa catástrofe e como reparação dela que nosso mundo foi criado. Nosso mundo é o *terceiro princípio*...".[6]

Toda a grandeza de nosso mundo reside na encarnação dos três princípios.

Antes de mais nada, a estrutura ternária da Realidade está inscrita no próprio homem. O homem é a atualização dessa estrutura ternária: "...há uma massa ou semente do trinário em cada homem", diz-nos Boehme.[7] A natureza humana, englobando os três princípios, "compreende, pois ao menos potencialmente, a totalidade da manifestação divina".[8] O que o homem faz dessa natureza humana é, evidentemente, uma outra história... Em nosso mundo moderno, o homem esqueceu que é potencialmente a encarnação dos três princípios. As próprias palavras "três princípios" lhe são estranhas e absurdas, para não falar de seu significado. Estamos, é evidente, longe do trabalho da alquimia espiritual, baseado no equilíbrio do ternário que há em cada um de nós, trabalho ao qual Boehme nos convida, o único que poderia dar *sentido* a este mundo. Do contrário, nosso mundo é um mundo morto, absurdo, acidental.

Todavia, o que nos interessa aqui em primeiro lugar é a manifestação da estrutura ternária em todos os fenômenos da Natureza. Note-se bem que não se devem confundir "natureza"[9] e "ternário": "A Natureza e o ternário não são a mesma coisa, são distintos; embora o ternário habite a Natureza, não é apreendido por ela, e contudo há entre eles uma eterna aliança...".[10] Não obstante, em cada fenômeno da Natureza há um brotar perpétuo do ternário. A Trindade, essa "essência triunfante, borbulhante e ativa" é "a eterna mãe da Natureza".[11] Mesmo os três princípios, que não estão encerrados "em tempo ou lugar algum",[12] se manifestam no entanto no espaço e no tempo. O terceiro princípio tem um papel crucial na manifestação: é ele "que contém o *Fiat*, a Palavra criadora de Deus".[13] Tudo se torna um traço, um signo do ternário: o homem, e também os planetas, as estrelas, os elementos. A *aliança* entre a Natureza e o ternário é eterna, mas o homem tem a escolha de descobrir e viver essa aliança ou esquecê-la, ignorá-la e portanto rompê-la.

Percebe-se assim que há um parentesco fundamental entre o pensamento de Boehme e o de Galileu, ainda que este implícito e surpreendente, já que as linguagens de um e de outro são muito diferentes. Quando Galileu ressalta a importância da observação experimental, ainda que dissociando a experiência da evidência sensível, fornecida pelos órgãos dos sentidos, está bem próximo de Boehme, para quem a Natureza é uma manifestação da Divindade, que, enquanto manifestação, é mensurável e observável. Ambos, como também Kepler, são perseguidos pela idéia de *leis* e *invariância*. Devido a isso, a idéia da reprodutibilidade dos fenômenos, fundamental para a metodologia da ciência moderna, pôde trilhar seu caminho. A "Nova Ciência" não diz respeito aos fenômenos singulares, mas àqueles passíveis de serem repetidos e submetidos a uma formalização matemática. Galileu, como Boehme, não identifica a razão humana à razão divina. Maurice Clavelin ressalta a lucidez da posição de Galileu: "Criado por um Ser infinito, o mundo está na escala de Sua razão, e não da razão humana, que o compreende apenas nos limites de suas capacidades, isto é, através do que esta tem de comum com a razão divina. A matemática encontra-se precisamente nesse caso...".[14]

Porém, a diferença entre as duas abordagens, a de Galileu e a de Boehme, também é capital. Para Galileu, na formulação de uma teoria científica, toda "causa" divina tem de ser excluída, enquanto para Boehme a compreensão da Realidade tem de levar em conta a *participação* da Divindade no processo do nosso mundo. A matemática de Galileu é estritamente quantitativa, enquanto a de Boehme é qualitativa, de ordem simbólica.

Assim como a Natureza tem uma dupla natureza, assim também a ciência moderna tem uma dupla natureza. Durante alguns séculos a ciência moderna seguiria o caminho traçado por Galileu e não aquele, muito mais obscuro e complexo, encontrado de modo implícito na obra de Boehme. O sucesso de Galileu foi fulminante tanto no plano da experiência como no da teoria. Suas aplicações tecnológicas, ao demonstrar o domínio do homem sobre a natureza, pareciam indicar a indiscutível justeza desse caminho. Fundada na lógica binária, do sim *ou* não, a ciência moderna culminava no século XX na ideologia cientificista, proclamando que só a ciência e a razão humana possuíam a via exclusiva do acesso à verdade e à realidade (embora a posição de Galileu tivesse sido, como vimos, nitidamente diferente: não positivista e não cientificista). A ideologia cientificista começou a ruir com o nascimento da física quântica, com a descoberta de uma escala que, para ser compreendida, parece pedir uma lógica ternária, a do terceiro termo incluso,[15] claramente diferente de nossa própria escala. Além disso, um inesperado encontro parece dar-se atualmente entre a física moderna e o pensamento simbólico tradicional.* Em todo caso, o ressurgimento do *sentido*** na física moderna[16/17] é o signo da dupla natureza da ciência moderna: tendo excluído o sentido em seu início, a ciência moderna redescobre-o, através de sua dinâmica interna, em seu próprio caminho.

Haverá então um retorno a Boehme? Seria arriscado formular tal afirmação. Mas o que nos parece certo é a necessidade atual da formulação de uma nova Filosofia da Natureza. Nesse contexto, o conhecimento da obra de Jacob Boehme é extremamente atual. A comparação entre o pensamento de Jacob Boehme e o de

---

* Analisamos longamente esses aspectos em nosso livro *Nous, la particle et le monde.* (N.A.)

** A palavra francesa "sens" (sentido) deve ser entendida aqui num aspecto filosófico, metafísico e experiencial muito amplo. Em seu significado mais básico, "sentido" refere-se a muitos processos que inicialmente parecem caóticos ou desordenados e, se devidamente estudados, são vistos como tendo um significado e direção reveladores da presença de ordem. Neste aspecto, "sentido" e "leis" são termos correlatos. Noutro aspecto mais profundo, e especialmente nas obras de Boehme, "sentido" refere-se à interação unitiva dos diversos níveis de realidade num movimento harmonioso e evolutivo. Mais precisamente, "sentido" é o encontro contraditório entre presença e ausência, entre sagrado e profano. Em nosso universo físico, uma vez que se crê que a consciência está presente apenas em nosso planeta, o indivíduo e a humanidade assumem uma função cósmica: a de concomitantemente descobrir e gerar "sentido". Através de seu corpo, de seus sentidos e sensações, o homem torna-se o instrumento cósmico do "sentido". Experiências e experimentos são dois modos de descobrir "sentido", de modo que o estudo do Universo e o estudo do homem são complementares. (N.A.)

certos pensadores modernos que partem de estruturas ternárias, como Stéphane Lupasco[15] ou Charles Sanders Peirce,[18] também seria altamente instrutiva. Basta dizer aqui que surpreendentes isomorfismos poderiam ser estabelecidos entre o ternário de Boehme, a tríade de Lupasco (atualização, potencialização, o estado *T* do terceiro termo incluso, e a tríade de Peirce (primeiridade, secundidade e terceiridade). Boehme fala de "três mundos", Lupasco de "três matérias" e Peirce de "três universos". Na verdade, as diferentes tríades evocadas estão longe de ser idênticas. A fonte do pensamento ternário de Boehme, Lupasco e Peirce também é diferente: uma experiência interior para Boehme, a física quântica para Lupasco, e a teoria matemática dos grafos, para Peirce. Porém, sob diferentes facetas, uma única e mesma lei parece manifestar-se nos pensadores do ternário, e é esta que engendra a estrutura ternária da Realidade em todas as suas manifestações. Resta compreender como uma estrutura virtual pode desencadear o movimento e os diversos processos da Realidade.

b. A auto-organização setenária da Realidade

Se o ternário diz respeito à dinâmica íntima de qualquer sistema, o setenário, em sua inesgotável riqueza, é, para Boehme, o fundamento da *manifestação* de qualquer processo. O setenário funciona numa contínua *interação* com o ternário, e é precisamente essa interação que fornece a chave de uma plena compreensão da Realidade, ao menos na visão que Boehme nos propõe.

Porém, antes de mais nada, por que escolher o número sete? A princípio é difícil compreender que um número qualquer seja mais importante que outro de modo absoluto e definitivo, mesmo no plano do pensamento simbólico. Por que, por exemplo, o número 7 deve excluir todo interesse pelos números 4, 9, 137 ou 10^{13}? O valor místico, teológico ou simbólico do número 7 é, evidentemente, bem conhecido. Alexandre Koyré fornece em sua tese[19] uma lista quase exaustiva dos diversos significados do número 7 que poderiam ser relacionados em maior ou menor grau com o setenário de Boehme: os sete archotes e os sete anjos do Apocalipse, as sete *sephiroth* inferiores da cabala, as sete operações alquímicas, os sete planetas (hipótese favorita de Koyré), e assim por diante.

De nossa parte, pensamos poder demonstrar que todas essas pistas são falsas. Correspondências entre os diversos significados do setenário podem certamente ser encontradas, mas acreditamos, por razões que serão explicitadas adiante, que Boehme não tem nenhuma fonte de inspiração exterior para o seu setenário. Sua única fonte é sua própria visão. Além do mais, na filosofia de Boehme, o setenário impõe-se como uma implacável conseqüência lógica (lógica simbólica, é claro) de uma das pedras angulares de seu pensamento: a de que o fundamento da manifestação tem de estar em perpétua interação com o ternário.

É divertido constatar ter sido justamente essa interação que lançou os exegetas de Boehme "no mais cruel embaraço", como nos diz Koyré.[20] Ele próprio fala do "infeliz esquema dos sete espíritos, que Boehme mantém contra tudo e apesar de tudo".[21] Diz também: "não será fácil distribuir essas sete potências em três princípios e coordená-las às três pessoas da Trindade; contudo Boehme nunca será capaz de abandonar essa estrutura setenária".[22] Muito felizmente, seríamos tentados a acrescentar.

Não pretendemos oferecer uma solução única e definitiva a esse enigma, mas cremos poder propor uma leitura perfeitamente coerente no plano da lógica simbólica, apoiando-nos apenas nos próprios textos de Boehme.

Para Boehme, "Deus é um Deus de ordem... N'Ele há principalmente sete qualidades, através das quais todo o Ser divino está em atividade. Ele mostra-se indefinidamente nessas sete qualidades e, contudo, essas sete qualidades têm a primazia na infinidade. É por essa lei que a geração divina está eterna e imperturbavelmente em sua ordem".[23]

Todos os processos da Realidade serão assim regidos por sete qualidades, sete espíritos-fonte, sete etapas, sete formas.*

Os nomes que Boehme atribui a essas sete qualidades são poéticos e muito evocadores, mas podem parecer um tanto quanto ingênuos ou estranhos para o leitor moderno: acerbidade, doçura, amargor, calor, amor, tom ou som e corpo.** Todavia, o que nos interessa aqui não são os nomes, mas o sentido que Boehme lhes atribui no contexto do ciclo setenário.

Restringido pela linguagem natural, Boehme adota a princípio uma descrição linear, cronológica, do encadeamento dessas sete qualidades no ciclo setenário; mas para compreendê-las é necessário considerá-las em sua ação *simultânea*. Os *espíritos-fonte* en-

---

* Visto que "qualidade" é uma palavra-chave na cosmologia de Boehme, não pode ser compreendida mediante definições de dicionários. As sete qualidades de Boehme são as energias intermediárias, ativas e informativas que dão forma a todos os vários níveis de realidade. É importante salientar que cada uma das sete qualidades é gerada por uma interação particular dos três princípios. Isso explica a propriedade paradoxal e crucial dessas sete qualidades: são sempre as mesmas, embora adaptando-se ao nível específico de materialidade em que estão agindo. Diferentes níveis de materialidade não implicam diferentes níveis das sete qualidades. É precisamente essa sua propriedade de permanecerem sempre as mesmas que permite a possibilidade da unidade cósmica, através da interação de todos os níveis de realidade. A própria evolução — do cosmos, do indivíduo ou da humanidade — torna-se possível devido a isso. (N.A.)

** Esta ordem apresentada pelo Autor corresponde fielmente à estabelecida por Boehme n'*A Aurora Nascente*, seu primeiro livro. No entanto, no restante da obra de Boehme, estes princípios são apresentados o mais das vezes numa ordem um pouco diferente, sob várias designações, de acordo com o momento e o ponto de vista em que é tomada. Eis aqui, numa pequena síntese, a ordem predominante: 1. Contração, atração, adstringência ou salinidade / 2. Expansão, repulsão ou amargor / 3. Rotação ou angústia / 4. Calor, relâmpago ou fogo / 5. Luz ou amor / 6. Som ou tom / 7. Tangibilidade, corporalidade ou substancialidade. (N.T.)

gendram-se uns aos outros e, no entanto, permanecem distintos. De novo, só uma lógica da contradição pode oferecer-nos acesso à compreensão do setenário de Boehme. Todavia, para começar, façamos como Boehme, sigamos por etapas.

As três primeiras qualidades procedem do primeiro princípio. O Deus do primeiro princípio é, para nós, um Deus impenetrável, incognoscível. Aparece *para nós* como um Deus de trevas, de noite aterradora, pois é insondável. Não se pode verdadeiramente chamá-lo Deus.

Uma luta da maior intensidade é travada entre as três primeiras qualidades para permitir que esse Deus de trevas se conheça a si mesmo em sua potencialidade. Por que essa luta começa entre *três* qualidades e não quatro ou seis? Segundo Boehme, o Deus de trevas, uma vez engajado no caminho do autoconhecimento, tem de submeter-se à sua própria natureza ternária.

Assim, a primeira qualidade corresponderá a uma força negativa, de resistência, a um *fogo frio*, respondendo ao desejo do Deus das trevas de continuar sendo o que é, independentemente de qualquer manifestação. A segunda qualidade corresponderá a uma força positiva, fluida, tendendo à manifestação e, portanto, radicalmente oposta à primeira qualidade; conforme as palavras de Boehme, ela é como um "furioso aguilhão". Por fim, a terceira qualidade aparece como uma força conciliadora, sem a qual nenhuma abertura para a manifestação seria possível. Assim, o Deus do primeiro princípio se engajará numa gigantesca luta consigo mesmo. Berdiaeff fala corretamente de uma "tragédia divina" no mistério da criação.[24] Trata-se apenas da *morte de Deus* para si mesmo enquanto Deus da pura transcendência: "O Deus de Boehme morre antes de nascer", escreve Pierre Deghaye.[25] Eis uma idéia que por si mesma seria suficiente para horrorizar os teólogos dogmáticos da época de Boehme e facilmente permitir qualificá-lo de "herético".

A luta sem misericórdia entre as três primeiras qualidades

engendra uma verdadeira "roda da angústia". O mundo da primeira tríade do setenário é um "vale tenebroso",[26] um inferno virtual. Boehme fala de uma "geração angustiante, apavorante, tremente, acerba e contrariante".[27] É precisamente nesse ponto, quando a roda da angústia gira loucamente em si mesma num turbilhão caótico e infernal, que um *princípio de descontinuidade* deve manifestar-se para abrir o caminho do verdadeiro movimento evolutivo. Esse princípio de descontinuidade não é outro que o *terceiro princípio*, que aparece como o *Fiat* da manifestação, o Verbo criador de Deus. Boehme chama essa descontinuidade de "relâmpago": "Sem o relâmpago, todos os sete espíritos seriam um vale tenebroso...".[28] O louco movimento da roda da angústia detém-se e transforma-se num movimento harmonioso. É então que a vida pode nascer, e *Deus nasce*. O *Fiat* da manifestação, engendrado pelo terceiro princípio, faz parte integrante (embora meramente *virtual*, pois corresponde a uma descontinuidade invisível no plano da manifestação) da segunda tríade do ciclo setenário, que também inclui a quarta e a quinta qualidades: "Agora esses quatro espíritos ou qualidades movem-se no relâmpago, pois todos os quatro tornam-se vivos nele, e então a potência desses quatro eleva-se no relâmpago como uma vida que está em seu primeiro grau de ascensão; e essa potência, essa força que se elevou no relâmpago é o amor, o quinto espírito. Essa potência move-se deliciosa e amavelmente no relâmpago, como se um espírito morto se tornasse vivo e fosse subitamente colocado numa grande claridade".[29] O fato de a quarta e quinta qualidades estarem intimamente ligadas ao relâmpago e, portanto, ao terceiro princípio é assim afirmado com clareza.

O *fogo frio* da primeira tríade transforma-se assim num *fogo ardente* do qual pode brotar a luz: "a quarta propriedade [ou qualidade] faz assim o papel de plataforma giratória ou pivô de transmutação de todo o sistema...", escreve Jean-François Marquet.[30] Seremos tentados a dizer que essa plataforma giratória se situa,

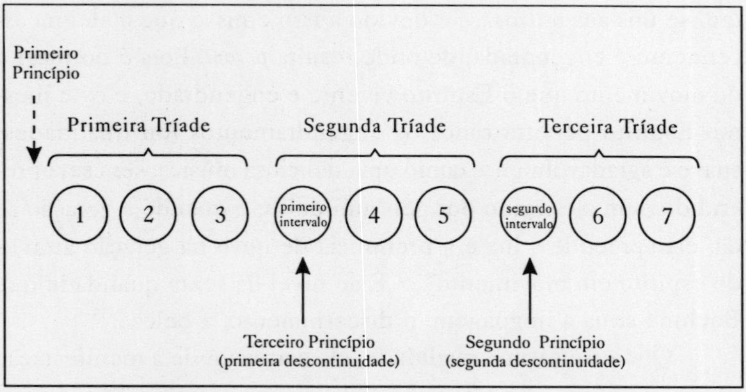

A interação entre o ciclo ternário e o setenário

na verdade, no *intervalo* entre a terceira e a quarta qualidade, pois é ali que o *Fiat* da vida, da manifestação, age.

Porém, "nascimento" não quer dizer uma manifestação plena da luz. Com a segunda tríade, Deus nasce, torna-se consciente de si mesmo, contudo ainda não se manifesta plenamente. Um *segundo princípio de descontinuidade* deve intervir para que o movimento evolutivo possa prosseguir. O *Fiat* de afirmação, de luz plenamente revelada, o *Fiat celeste*, é necessariamente ação do *segundo princípio*. "O segundo *Fiat* situa-se no quinto grau", afirma Pierre Deghaye com justeza.[31] Situa-se, para ser mais preciso, no intervalo entre a quinta e a sexta qualidade.

A intervenção do segundo princípio engendra uma nova tríade da manifestação ("tríade", pois cada princípio tem de submeter-se a sua própria estrutura ternária). Essa última tríade é composta de um elemento virtual — a descontinuidade engendrada pelo segundo princípio — e duas qualidades: o *tom* ou *som* e o *corpo*.

A sexta qualidade é a alegria celeste, que como um *som* atravessa toda a manifestação: "O sexto engendramento em Deus ocorre quando os espíritos ou qualidades, em sua geração, experimentam-se uns aos outros... ; é devido a isso e nisso que a alegria ascendente é engendrada, de onde resulta o *tom*. Pois é do tocar e do movimento que o Espírito vivente é engendrado, e esse mesmo Espírito penetra todos os engendramentos [ou qualidades] suave e agradavelmente como uma deliciosa música, sem ser apreendido nem alcançado por nenhum deles; e quando a geração se dá, ela apreende a luz e a pronuncia de novo na geração através do espírito em movimento".[32] É ao nível da sexta qualidade que Boehme situa a linguagem, o discernimento, a beleza.[33]

Quanto à sétima qualidade, ela corresponde à manifestação plena, ao "corpo" de Deus, que não é outra coisa senão a própria Natureza: "Ora, a sétima forma ou o sétimo espírito na potência divina é a Natureza, ou a expansão para fora dos outros seis... Esse sétimo espírito, essa qualidade, é o corpo de todos os espíritos, no qual estes se engendram. Também é a partir desse espírito que todas as figuras e formas são configuradas".[34] O sétimo espírito "... encerra os outros seis e por sua vez os engendra, pois o ser corporal e natural consiste no sétimo".[35] Assim, fecha-se o círculo: a sétima qualidade reencontra a primeira, mas em outro plano, no da manifestação. A linha metamorfoseia-se em círculo: na filosofia de Jacob Boehme, paradoxalmente o Filho gera o Pai.

Por isso, confessamos não compreender a perplexidade dos exegetas de Boehme em vista da interação entre o ternário e o setenário. A interpretação que propomos parece-nos coerente, racional e totalmente conforme aos textos de Boehme.

O ciclo da manifestação deve pôr em evidência a plena potência do ternário. Ora, essa plena potência é obtida quando cada um dos três princípios manifesta sua própria estrutura ternária. Essa estrutura resulta da perpétua interação de cada princípio com os outros dois princípios. Se cada princípio não tivesse uma estrutura ternária, a interação entre os três princípios seria mutilada, aniquilada. Assim, o ciclo da manifestação tem de ser constituído de *nove* elementos (3 x 3 = 9). Porém, dois desses elementos são virtuais, invisíveis: correspondem às duas descontinuidades; portanto, o ciclo da manifestação terá necessariamente uma estrutura *setenária* (9 - 2 = 7).

Porém, tomado em sua totalidade, incluindo portanto os dois intervalos nos quais age a descontinuidade produzida pela ação do segundo e terceiro princípios, esse ciclo tem uma estrutura nonária. Compreende-se assim a importância fundamental que Boehme atribuía ao número nove, associando-o ao que ele chama "Tintura": "Boehme vê o universo temporal como percorrido por uma imensa corrente de vida (*Tintura*) que, proveniente do *Principium* ou *Centrum* (*Separator*) da Divindade, derrama-se sobre o mundo, penetra-o, encarna-se nele e, vivificando-o, torna a trazê-lo a Deus... A *Tintura*, que é o número *nove*, o elemento puro, o elemento divino...".[36]

Duas observações suplementares impõem-se para clarear certos aspectos do ciclo da manifestação.

Primeiro, falamos de duas descontinuidades, de dois *Fiat*, ligados ao segundo e ao terceiro princípios. Por que não falar de uma terceira descontinuidade ligada ao primeiro princípio? Com efeito, "... em cada vontade, o relâmpago manifesta-se de novo para produzir uma nova abertura...", escreve Boehme.[37] Contudo, o Deus do primeiro princípio é completamente inapreensível em si mesmo. Falar de um *Fiat* devido à sua vontade seria pura verbosidade. Por outro lado, esse Deus "concretiza-se" na primeira tríade do ciclo setenário.

Segundo, a inversão entre a ação do terceiro princípio e a do segundo princípio no curso do ciclo setenário parece-nos muito significativa. De novo, o terceiro princípio, aquele que rege nosso próprio mundo, age como uma força de conciliação entre o primeiro e o segundo princípio.

Também poderia ser instrutivo fazer um estudo comparativo entre a cosmologia de Boehme e a de Gurdjieff (1877-1949). Como para Boehme, as leis fundamentais do Universo são, na cosmologia de Gurdjieff, uma "lei de três" e uma "lei de sete", e sua interação é traduzida por uma "lei de nove".[38/39] Na verdade, o ternário, o setenário e o nonário de Gurdjieff não são os mesmos enunciados por Boehme; porém, seu estudo comparativo poderia suscitar esclarecimentos interessantes. Não podemos empreender tal estudo aqui, mas é curioso notar que nenhum dos numerosos exegetas de Gurdjieff fala da surpreendente analogia entre suas leis e as de Boehme. Mesmo seu biógrafo mais bem informado, James Webb,[40] cita Boehme apenas incidentalmente.

Para concluir, a estrutura setenária de Boehme atravessa todos os níveis de realidade. O nascimento de Deus repete-se eternamente em todos os níveis de realidade, através de "signaturas" ou "traços": "Os sete espíritos de Deus abarcam em seu círculo ou espaço o céu e o mundo, a extensão e a profundidade exterior e superior dos céus, acima do mundo, abaixo do mundo e no mundo... Assim, abarcam todas as criaturas no céu e neste mundo (...) e desse mesmo *corpo* dos sete espíritos de Deus todas as coisas são formadas e produzidas: todos os anjos, todos os demônios, o céu, a terra, as estrelas, os elementos, os homens, os animais, os pássaros, os peixes, todos os répteis, a madeira, as árvores, e também as pedras, as plantas e as ervas, e tudo o que existe".[41]

A certo nível da Realidade, esse ciclo setenário pode desenvolver-se plenamente, pode deter-se, ou até mesmo involuir: os sistemas pertencentes a diferentes níveis de realidade desfrutam a liberdade da *auto-organização*. A *Natureza* divina, enquanto potencialidade, é predeterminada em sua evolução; mas a *descontinuidade*, característica do ciclo setenário, introduz um elemento de indeterminação, de liberdade, de escolha. Como observa Koyré: "O relâmpago é a liberdade introduzindo-se na Natureza, que é o contrário (*contrarium*) da liberdade".[42] No universo de Boehme, a determinação e a indeterminação, a opressão e a liberdade coexistem contraditoriamente.

O Deus de trevas, fonte mágica de toda a Realidade, não é

em si o Grande Indeterminado? Porém, "sua fome e seu desejo dirigem-se à substância",[43] e ele é obrigado a aceitar certa determinação, certa "contração". "Na cabala de Isaac Luria há um fenômeno semelhante: na origem de todos os mundos, o Infinito [*Ain Sof*] contrai-se, dando início a um verdadeiro drama no seio da própria Divindade".[44] É nessa "tragédia divina" que a grandeza de nosso próprio mundo — a da realização plena do homem — está fundada. O autoconhecimento de Deus reencontra assim o autoconhecimento do homem.

Bibliografia e notas

1. Jacob Boehme, *Des Trois Principes de l'essence divine*, trad. Louis Claude de Saint-Martin, o Filósofo Desconhecido, ed. d'Aujourd'hui, 1985, tomo I, p. 95.
2. Jacob Boehme, *De la Base sublime et profonde des six points théosophiques*, trad. Louis Claude de Saint-Martin, em *Jakob Boehme*, ed. Albin Michel, coleção Cahiers de l'Hermétisme, 1977, p. 122.
3. Jacob Boehme, *Des Trois Principes de l'essence divine*, *op. cit.*, tomo I, p. 288.
4. Jacob Boehme, *De la Base sublime et profonde des six points théosophiques*, *op. cit.*, p. 122
5. *Ibid.*, p. 133.
6. Pierre Deghaye, *La Naissance de Dieu ou La doctrine de Jakob Boehme*, Albin Michel, coleção *Spiritualités Vivantes*, 1985, p. 156.
7. Jacob Boehme, *L'Aurore naissante*, trad. Filósofo Desconhecido, ed. Arché, Milão, 1977, p. 451.
8. Pierre Deghaye, *La Naissance de Dieu ou La doctrine de Jakob Boehme*, *op. cit.*, p. 57.
9. Discutiremos a dupla natureza da Natureza num outro capítulo.

10. Jacob Boehme, *L'Aurore naissante*, *op. cit.*, p. 178.
11. *Ibid.*, p. 63.
12. Jacob Boehme, *De la Base sublime et profonde des six points théosophiques*, *op. cit.*, p. 178.
13. Gerhard Wehr, *Jakob Boehme*, trad. Paul Kessler, em *Jakob Boehme*, ed. Albin Michel, *op. cit.*, p. 67.
14. Maurice Clavelin, *Galilée*, no *Dictionnaire des philosophes*, dirigido por Denis Huisman, ed. P.U.F., 1984, p. 999 e 1000.
15. Stéphane Lupasco, *L'Expérience microphysique et la pensée humaine*, ed. P.U.F., 1941; *Le Principe d'antagonisme et la logique de l'energie*, ed. Le Rocher, coleção *L'Esprit et la Matière*, prefácio de Basarab Nicolescu, 1987; e *Les Trois Matières*, ed. Cohérence, 1982.
16. Basarab Nicolescu, *Nous, la particule et le monde*, ed. Le Mail, 1985, particularmente o capítulo "Physique contemporaine et tradition occidentale".
17. Bernard d'Espagnat, *Une Incertaine Realité*, ed. Gauthier-Villars, 1985.
18. Charles S. Peirce, *Écrits sur le signe,* reunidos, traduzidos e comentados por Gérard Dedalle, ed. Seuil, 1978.
19. Alexandre Koyré, *La Philosophie de Jakob Boehme*, ed. Vrin, 1971, p. 125-129.
20. *Ibid.*, p. 380.
21. *Ibid.*, p. 146.
22. *Ibid.*, p. 148.
23. Jacob Boehme, *L'Aurore naissante*, *op. cit.*, p. 188.
24. Nicolas Berdiaeff, *Études sur Jakob Boehme*, prefácio do *Mysterium Magnum* de Jacob Boehme, trad. Nicolas Berdiaeff, ed. d'Aujourd'hui, 1978, vol. I, p. 12.
25. Pierre Deghaye, *Psichologia Sacra*, em *Jakob Boehme*, ed. Albin Michel, *op. cit.*, p. 204.
26. Jacob Boehme, *L'Aurore naissante*, *op. cit.*, p. 168.
27. *Ibid.*, p. 392.
28. *Ibid.*, p. 168.
29. *Ibid.*, p. 168.
30. Jean-François Marquet, *Désir et imagination*, em *Jakob Boehme*, atas do Colóquio organizado pelo Centro de Estudos e Pesquisas interdiciplinares de Chantilly (C.E.R.I.C.), ed. Vrin, 1979, p. 84.
31. Pierre Deghaye, *La Naissance de Dieu ou La doctrine de Jakob Boehme*, *op. cit.*, p. 181.
32. Jacob Boehme, *L'Aurore naissante*, *op. cit.*, p. 395.

33. *Ibid.*, p. 151.
34. *Ibid.*, p. 265 e 266.
35. *Ibid.*, p. 176.
36. Alexandre Koyré, *La Philosophie de Jakob Boehme*, ed. Vrin, 1971, p. 447.
37. Jacob Boehme, *Des Trois Principes de l'essence divine*, *op. cit.*, tomo I, p. 281.
38. P. D. Ouspensky, *Fragments d'un enseignement inconnu*, ed. Stock, 1978.
39. G.I. Gurdjieff, *Récits de Belzébuth à son petit-fils*, ed. Rocher, 1983.
40. James Webb, *The Harmonious Circle*, ed. G.P. Putnam's Sons, New York, 1980.
41. Jacob Boehme, *L'Aurore naissante*, *op. cit.*, p. 147.
42. Alexandre Koyré, *La Philosophie de Jakob Boehme*, ed. Vrin, 1971, p. 252.
43. Jakob Boehme, *De la Base sublime et profonde des six points théosophiques*, *op. cit.*, p. 123.
44. Pierre Deghaye, *La Naissance de Dieu ou La doctrine de Jakob Boehme*, *op. cit.*, p. 33.

Frontispício de *Sobre a contemplação divina*, 1620

CAPÍTULO III

Uma cosmologia da autocriação é necessariamente trágica?

Segundo Jacob Boehme, toda criação começa pelo sofrimento, pela roda da angústia. Mesmo Deus, para conhecer-se, tem primeiro de morrer para si mesmo para nascer. É claro que essa "morte de Deus" nada tem em comum com aquela inventada pelos nossos filósofos modernos. Deus morre para si a fim de em seguida *tomar parte* na vida, a fim de mostrar-se, a fim de revelar todas as potências que estão ocultas nele. Todos os cosmos, todos os mundos (inclusive o nosso), todas as criaturas têm de passar pelas etapas do ciclo setenário, que começa pelo sofrimento; é o preço pago pelo surgimento da "luz", da evolução. A cosmologia de Jacob Boehme seria então intrinsecamente trágica?

Essa questão é mais atual do que parece à primeira vista. A cosmologia científica moderna (que só diz respeito ao nosso mundo "material"), fundada na teoria do "Big-Bang", oferece-nos uma imagem fascinante e perturbadora da evolução do nosso Universo. Aliás, muitas vezes a linguagem utilizada, sobretudo nas obras ditas de "divulgação", parece ter saído de um texto de Boehme. Provavelmente o Universo, no início do "Big-Bang", era uma bola de fogo que ardia numa temperatura infernal. Uma energia indiferenciada animava uma massa informe de quarks, léptons e outras partículas, numa única interação. Essa bola de fogo continha potencialmente todo o Universo. Devido a um resfriamento contínuo, as diversas interações físicas gradualmente apareceram, gerando, por fim, as galáxias, as estrelas, os diversos sóis, os planetas, a nós mesmos. É surpreendente que essa crescente complexidade do Universo passe por "janelas" muitíssimo estreitas: parece que certas quantidades físicas e astrofísicas — a idade do Universo, o valor das diversas constantes de acoplamento e paridade, que caracterizam as interações físicas, etc. — sofrem fortes restrições para que nosso Universo possa de fato aparecer. Fazemos referência, é claro, ao célebre "princípio antrópico",[*/1] que, a nosso ver,[2] é sinal de uma vasta *autoconsistência* que parece governar a evolução do nosso Universo. Além do mais, a idéia de uma aparição espontânea do Universo percorre importantes trabalhos realizados no âmbito da física quântica. O Universo parece capaz de *autocriar-se* e *auto-organizar-se* sem nenhuma intervenção exterior.

Todavia, questões fundamentais ligadas à *compreensão* dessa evolução do Universo permanecem sem resposta. Como devemos compreender o fato de o nosso tempo ter surgido de um não-tempo?; de o nosso contínuo espaço-tempo ter sido gerado de algo de natureza diferente? De que servem todos os ajustes muito fi-

---

* Sugerido inicialmente pelo astrônomo inglês Fred Hoyle, o princípio antrópico sustenta que a vida só é possível neste Universo devido a um "ajuste fino" das diversas constantes da física. Isto é, que dentre os Universos possíveis, cada um deles caracterizado por um corpo de leis físicas, o nosso Universo possui a qualidade excepcional de permitir a existência da vida. Uma versão mais radical do princípio antrópico afirma que há uma relação direta entre a existência humana e a forma particular das leis físicas deste Universo.

Alguns termos da cosmologia física moderna utilizados pelo Autor aparecerão com certa freqüência nos parágrafos que se seguem. Estes poderão soar estranhos aos leitor não especializado, por isso, tentando minimizar as dificuldades, inserimos, junto às notas, no final deste capítulo, um breve apêndice. (N.T.)

nos e precisos entre os diversos parâmetros físicos para o Universo ser como é, se tudo isso deve terminar na morte do universo físico, seja por um progressivo esfriamento — no caso de um universo aberto, em contínua expansão —, seja por um progressivo aquecimento — no caso de um universo fechado, que terminará numa contínua contração? Por certo algumas dessas questões são tidas como não-científicas, como pertencendo ao campo da filosofia. No entanto, essas questões estão aí, impossíveis de serem contornadas.

Um grande físico como Steven Weinberg (que, aliás, é um dos raros físicos contemporâneos a consagrar uma parte de seu tempo a uma sólida reflexão filosófica) não hesita em colocar o problema do *absurdo* do Universo: "Para os seres humanos é quase impossível acreditar que não exista uma relação especial entre eles e o Universo: que a vida seja apenas o grotesco coroamento de uma série de acidentes que se sucedem desde os três primeiros minutos [da criação]; acreditam, ao contrário, que de certo modo fomos concebidos desde o início... É ainda mais difícil conceber que este Universo tenha evoluído a partir de condições iniciais tão pouco familiares que mal podem ser imaginadas e acabará extinguindo-se num frio ilimitado ou num calor infernal. Quanto mais o Universo nos parece compreensível, mais parece absurdo".[3] Edgar Morin, fundador de uma epistemologia da complexidade, coloca, por sua vez, a questão do caráter *trágico* do Universo: "... a crescente complexidade não seria apenas um desvio no desastre generalizado de um Universo intrínseca e definitivamente trágico?"[4]

O Universo é absurdo? É trágico? Talvez, se se negligencia o papel da vida, do homem e de sua consciência. É certo que a ciência moderna, por si mesma, jamais poderá responder a tais questões: sua própria metodologia limita o campo das questões que pode responder. Uma nova Filosofia da Natureza, harmonizada com as consideráveis realizações da ciência moderna, faz uma enorme falta.

Nesse sentido, uma leitura contemporânea da obra de Jacob Boehme poderia ajudar-nos no longo caminho da busca dessa nova Filosofia da Natureza.

a. Sobre a necessidade do espelho: a dupla natureza da Natureza

Na obra de Jacob Boehme, a palavra "natureza" tem dupla acepção, e negligenciar isso criaria uma série infinita de desagradáveis confusões. O que Boehme chama "Sem-fundo" (*ungrund*) ou o "Grande Indeterminado" está "fora de toda natureza".[5] Quando esse "Grande Indeterminado" consente em responder a seu próprio desejo de autoconhecer-se, simplesmente morre, renascendo conforme uma *Natureza divina* regida pelo ciclo setenário. Deus toma consciência de sua própria divindade engajando-se no ciclo setenário em seus diversos estágios: "O Pai é chamado Deus santo apenas no Filho (...) No fogo, Ele é chamado Deus colérico; mas na Luz, ou no Fogo de amor, é chamado Deus santo; e na Natureza tenebrosa não é chamado Deus".[6] Assim o *corpo de Deus* é engendrado, como resultado do ciclo setenário. Há pois no *corpo* de Deus certo grau de *materialidade*, submetida a seu próprio *tempo*: é a "substância divina, que é a carne celeste na Sabedoria",[7] e ela é a chave-mestra de significação do ciclo setenário no processo de manifestação. Esse ciclo setenário divino será o protótipo de todos os outros ciclos setenários em ação nos diversos níveis de realidade. Porém, se desde o início não houvesse *materialidade* alguma, nenhuma comunicação seria possível entre todos os níveis: é precisamente essa materialidade que condiciona a passagem da informação por todos os níveis de realidade; sem ela a Natureza divina estaria fechada em si mesma. Boehme nos diz que: "No mundo espiritual só há propriedades virtuais...", pois assim a revelação seria falsa, gratuita e inútil. É aqui que aparece *a necessidade do espelho*, isto é, de outros níveis de realidade, dotados de seus próprios graus de materialidade, que darão acesso à exploração da Natureza divina. Os outros mundos, entre os quais o nosso, refletirão a vida divina como num espelho. Todavia, dizer "espelho" é dizer também "distorção": a imagem no espelho não é o que nele se vê refletido. Assim, esses outros mundos corresponderão a outra natureza, a natureza criatural. Como observa Antoine Faivre com muita justeza: "Há duas naturezas, uma incorruptível, outra não (...) Há duas automanifestações de Deus, uma eterna e não-criatural, outra criatural. Não fazer essa distinção mantida por Boehme é cair no panteísmo".[9]

Em Jacob Boehme há, portanto, duas acepções da palavra "natureza", e deveremos distingui-las sempre que necessário. Para ser mais preciso, escreveremos a palavra "natureza" com maiúscula quando quisermos referir-nos às duas acepções ao mesmo tempo, englobando a natureza divina e a natureza criatural. "Natureza" escrita assim com maiúscula refere-se à interação de todos os níveis de realidade.

A interação dessas duas naturezas explica o sentido que Boehme atribui ao "Deus revelado": "... os seres são sua revelação e é apenas dele que tiramos nosso poder de escrever, e não do Deus não-manifesto que, sem sua manifestação, não aparece nem mesmo para si".[10] É isso o que evidencia a grandeza de nosso próprio mundo e nos permite compreender a natureza do êxtase de Boehme ante as "maravilhas do mundo exterior".[11]

Tudo neste mundo torna-se "signo", signo de uma possível evolução, signo de uma coerência cósmica: "Porém, aqui tendes de elevar vossas mentes ao Espírito e considerar que toda a natureza, com todas as potências que nela estão, a largura, a altura, o céu, a terra e tudo o que ela contém, e o que está acima do céu são juntos o corpo de Deus, e as forças [virtudes] das estrelas são as *veias-fonte* do corpo natural de Deus neste mundo. Não se deve pensar que a universal e triunfante Santa Trindade, Deus, esteja no corpo (*corpus*) das estrelas e deste mundo (...) Porém, tampouco se deve pensar que ele não esteja de todo no corpo [na circunscrição] das estrelas e deste mundo".[12] De novo, apenas a lógica do contraditório na base do pensamento simbólico pode dar-nos acesso aos sentidos que Boehme nos quer transmitir. O corpo (*corpus*) de Deus *é* nossa natureza, mas apenas por uma alquímica e sutil operação isomórfica. Os efeitos e fenômenos que se manifestam em nosso próprio mundo são por certo diferentes dos efeitos e fenômenos que se manifestam no mundo divino ou em outros mundos; todavia, há entre eles um *laço*, produzido pelo imbricamento dos diversos ciclos setenários que agem em níveis de realidade *diferentes*. O corpo de Deus manifesto em nosso próprio mundo é, por correspondências isomórficas, uma imagem do corpo de Deus manifesto na natureza divina. A pureza dessa imagem depende de *nós*, de nossa capacidade de explorar e viver nossa própria natureza e a natureza chamada "exterior". Boehme não confunde unidade e diversidade, mesmo se nos diz que "todas as criaturas deste mundo são uma única e mesma coisa", pois ao mesmo tempo nos diz: "Quando tomo uma pedra ou punhado de terra e os olho, vejo neles o superior e o inferior, vejo o mundo inteiro ali, apenas que em cada coisa uma propriedade é predominante, segundo a qual ela é nomeada".[13] Para adotar a linguagem de Stéphane Lupasco, poder-se-ia afirmar que em Boehme a unidade é potencializada, enquanto a diversidade é atualizada, mas uma não pode existir sem a outra. Seu jogo contraditório está no próprio centro da evolução, quer se trate de nossa evolução quer da evolução do mundo "exterior". Essa contradição brota da confrontação de dois *centros*, dois pontos de concentração das energias cósmicas: um *centrum naturae*, que expressa a tendência para a concretização nas diversas formas materiais da natureza que podem ser vistas, medidas e analisadas; e um *centrum lucis*, que exprime a tendência para a espiritualização, para a comunicação com os diversos níveis de realidade. É pelo equilíbrio contraditório entre esses dois centros que o homem se torna o espelho do Universo: "... nesse mundo ele encontra tudo, sobretudo em si mesmo, sim, em tudo o que vive e se move (...) A força divina fita-se em todas as coisas, como está escrito: *A palavra está perto de ti, em teus lábios e em teu coração*".[14]

b. Instantaneidade e não-separatividade na cosmologia boehmiana

No capítulo precedente, descrevemos o ciclo setenário de maneira linear, como uma sucessão de etapas num tempo linear. Porém, também vimos que, em sua realização, a linha se metamorfoseia em círculo, em cujo *centro* aparece "o coração da luz, que os sete espíritos engendram continuamente como uma luz de vida".[15]

O caráter cíclico esclarece-nos sobre as propriedades dessas sete qualidades-energias que agem em todos os cosmos. Essas energias cósmicas, esses "sete espíritos-fonte",[16] são interdependentes: "impregnam-se"[17] mutuamente "no engendramento, numa luta contínua, como num jogo de amor".[18] Como conseqüência, é preciso concebê-las em sua simultaneidade: "Esses sete engendramentos [qualidades ou espíritos] estão em tudo. Nenhum é o primeiro, o segundo, o terceiro ou o último; mas tenho de colocá-los um depois do outro segundo o modo e a linguagem criatural, do contrário vós não me compreenderíeis, pois a Divindade é como uma roda formada por sete rodas uma no interior da outra, onde não se vê início nem fim".[19] Portanto, as sete qualidades-energias engendram-se umas às outras, permanecendo distintas, segundo a *predominância* de uma ou outra na manifestação.

Jacob Boehme chega assim à maravilhosa imagem da Divindade como "roda": uma imagem plena de força poética, simbólica *e* racional. Poderia citar aqui passagens inteiras d'*A Aurora Nascente*, mas contento-me com uma pequena passagem: "Imaginai diante de vós uma roda composta de sete rodas, uma dentro da outra, de maneira que pudesse ir para todos os lados: para frente, para trás e obliquamente, sem precisar voltar-se; uma roda que, em sua rotação, sempre engendrasse o movimento das outras, cada uma em sua própria rotação, sem que nenhuma delas deixasse de ser visível; e que as sete rodas, em suas rotações, sempre projetassem o eixo ao centro, que permaneceria sempre livre e sem alteração (...) Os aros das sete rodas estariam ligados uns aos outros, como num globo esférico, e contudo poder-se-iam ver todas as sete rodas ao mesmo tempo, cada uma em sua própria rotação, como também a estrutura total, com seus aros, seus raios e seus eixos; e os sete eixos ao centro formariam um único eixo que, em sua rotação, pudesse ir em qualquer direção...".[22]

Essa roda fechada como "um globo esférico" é, ao mesmo tempo, *aberta*. Pela ação do segundo e terceiro princípios, nos intervalos de descontinuidade discutidos antes, essa roda imbrica-se em todas as outras rodas do ciclo setenário em ação nos diversos níveis de realidade. Um fluxo de vida e informação é transmitido a todos os níveis, ao mesmo tempo que a Divindade se *alimenta* da vida e do movimento destes níveis. É aí que reside o verdadeiro autoconhecimento da Divindade: nessa interação de todos os ciclos setenários concebíveis, correspondentes a graus diferentes de materialidade. Assim, na cosmologia de Jacob Boehme, delineia-se uma majestosa cadeia cósmica, que se fecha sobre si mesma num ciclo sem início e sem fim. O Universo aparece como um grande todo, uma vasta matriz cósmica onde tudo está em perpétuo movimento e estruturação energética. Essa visão é surpreendentemente próxima daquela encontrada no pensamento sistêmico contemporâneo, baseado no estudo dos sistemas naturais.[21] Acreditamos que os pensadores engajados de alguma forma nessa via encontrarão uma grande fonte de inspiração e abertura na obra de Jacob Boehme.

O imbricamento de todos os ciclos setenários uns nos outros determina a instantaneidade e não-separatividade do universo de Boehme. A unidade do ilimitado encadeamento dos diversos ciclos setenários escapa à ação do tempo vigente em qualquer dos níveis de realidade: independentemente de qualquer espaço-tempo, essa unidade *é*. É nesse sentido que a roda da Divindade "aparece sempre mais e mais maravilhosa em sua ascensão e, no entanto, também permanece em seu lugar (*locus*)".[22]

O universo de Jacob Boehme também é caracterizado por sua não-separatividade. Se determinado ciclo setenário é separado de todos os outros, o movimento do todo se detém e involui, como que mutilado. Será muito interessante ver em que medida a tão surpreendente noção de não-separatividade quântica, descoberta de maneira teórica e experimental na escala quântica, poderia ser interpretada, no plano filosófico, como "signo" de uma não-separatividade generalizada, semelhante à que caracteriza a cosmologia de Boehme. É verdade que os diversos níveis de realidade não devem ser de modo algum confundidos. A não-separatividade quântica é uma noção precisa — no sentido científico do termo —, e portanto seu campo de validade é extremamente limitado. Segundo Bernard d'Espagnat: "Se se admite a idéia de uma realidade independente do homem, então tal realidade é necessariamente *não-separável*. Por 'não-separatividade' é preciso entender que, se concebemos a realidade como constituída de partes que podem ser localizadas no espaço, e essas partes, quando próximas, interagem conforme caminhos bem definidos, elas continuariam a interagir, qualquer que fosse seu afastamento mútuo, mediante a ação de influências instantâneas".[23] Aliás, Boehme é o primeiro a advertir-nos contra qualquer assimilação abusiva do que é "visto" como fenômeno de outra natureza. Falando das características das propriedades que compõem a primeira tríade do ciclo setenário, ele escreve: "...elas têm a tangibilidade e são o nascimento da natureza mais exterior".[24] Há de evitar-se confundi-las com as outras qualidades-energias do ciclo setenário, pois estamos totalmente comprometidos pela nossa sensibilidade, nossa consciência e nossa maneira de interagir com o mundo. Porém, nada impede que se interrogue o que é "visto" num contexto muito mais complexo, de natureza simbólica, contanto, é claro, que essa leitura seja coerente, fundada não em analogias superficiais, mas em rigorosos isomorfismos. Tal leitura é até mesmo obrigatória numa cosmologia como a de Boehme, onde tudo é "signo" da interação do conjunto dos cosmos. Um "signo" não é um "símbolo", e um símbolo não é a Realidade. Todavia, na cosmologia de Boehme, a *dinâmica* dos ciclos setenários é um maravilhoso instrumento simbólico para decifrar o mundo.

c. A unidade na diversidade e a diversidade pela unidade

É difícil compreender como Jacob Boehme chega a conciliar "unidade" e "diversidade", se não se dá atenção ao seu conceito de "corporização".[25] O "corpo" nasce mediante a realização do ciclo setenário. Porém, o corpo de determinado cosmos não é o mesmo que o de outro cosmos, pois o resultado do ciclo setenário depende de leis próprias a cada cosmos. No entanto, segundo Boehme, os diversos ciclos setenários comunicam-se entre si; portanto, os diferentes corpos estarão ligados uns aos outros, quer seja o corpo de Deus, o corpo dos anjos, o corpo dos demônios ou nosso próprio corpo. Os diferentes corpos aparecem assim formando um só corpo: "Pois, no engendramento mais interior, a divindade superior e a inferior são um único corpo, uma porta aberta".[26] As diferentes configurações, as diferentes formas que se manifestam nos diversos cosmos, certamente não podem ser confundidas umas com as outras, mas o encadeamento dos diversos ciclos setenários permite a existência de certa *relação* entre essas formas e configurações: "Um mundo está no outro, e todos constituem um único mundo".[27] Nosso próprio corpo contém potencialmente em si todo o Universo: "Pois o corpo terrestre que carregais constitui um só corpo com a totalidade do corpo inflamado deste mundo, e vosso corpo *qualifica-se* [interage] com o corpo inteiro deste Universo. Não há desunião alguma entre as estrelas e o espaço, tampouco entre a terra e vosso corpo. Tudo constitui um único corpo. Há uma só diferença: vosso corpo é como que um filho do todo, e em si é como o ser total em si mesmo".[28]

É verdade que "...na infinitude do relâmpago, em cada vislumbre do todo, em cada parte, em cada reflexo, há, de novo, um centro, cujo engendramento é semelhante ao que se opera no todo ...",[29] mas no processo do ciclo setenário há, ao mesmo tempo, "milhares de centros, sem fim e sem número".[30] Essa contradição é explicada pela liberdade e pela indeterminação encontradas em cada cosmos. No universo de Boehme nem tudo é predeterminado, longe disso. Deus nem mesmo previu a queda de Lúcifer (...) Cada cosmos é uma unidade dos contraditórios determinação/indeterminação. A escolha, a vontade própria que age em cada cosmos, é o que determina a direção que o ciclo setenário poderá tomar nesse cosmos. A *unidade* de que nos fala Boehme diz respeito à realização de todos os ciclos setenários, enquanto a *diversidade* aparece no próprio processo de certo ciclo setenário, com suas flutuações, hesitações e deformações. A unidade e a diversidade formam um par de contraditórios, e a atualização e a potencialização de uma ou outra depende do *tempo* característico de seu nível específico.

A unidade de nosso mundo físico é de novo como um "signo" dessa unidade bem mais geral de que fala Boehme. Nesse contexto, é interessante notar na física de partículas a proliferação das teorias ditas de "unificação", que buscam uma descrição unificada de todas as interações físicas. Nessas teorias, nosso Universo aparece como um todo: da partícula ao cosmos. Analisamos longamente essas teorias noutro lugar.[31] Basta dizer aqui que "unidade", "unificação" e mesmo "unicidade" são palavras que aparecem cada vez com maior freqüência na física dos últimos anos. Também é interessante notar que dois aspectos contraditórios — a unidade e a diversidade das interações físicas — podem coexistir numa única e mesma teoria. Enfim, talvez não seja acidental que a teoria da unificação mais em voga atualmente, a "teoria das supercordas", tenha como origem histórica uma aproximação de tipo *bootstrap*. O *bootstrap* é uma lei dinâmica que faz que as características e atributos de determinada entidade física resultem das interações com as outras partículas que existem na natureza: uma partícula é o que é porque todas as outras partículas existem ao mesmo tempo.[32]

Aliás, não é só na física que essa idéia da unificação é cada vez mais freqüente. Sob diferentes aspectos, ela também aparece em outras ciências. Citemos, por exemplo, a "hipótese Gaïa" de James Lovelock,[33] hipótese fecunda no plano científico/ecológico, mas que também tem surpreendentes implicações epistemológicas:[34] a Terra é considerada um organismo vivo, com sua própria inteligência para a manutenção de sua vida. Parece-me importante sublinhar um aspecto dessas duas hipóteses, no contexto enfocado aqui. Quando o "princípio de *bootstrap*" ou a "hipótese Gaïa" são tomados em seu sentido mais geral, são ineficazes no plano da formulação de uma teoria ou de um modelo científico. Porém, se considerados numa acepção parcial, podem levar a verdadeiras formulações científicas. Tudo parece mostrar que o que é explorado pela metodologia científica é apenas um aspecto parcial de uma realidade infinitamente mais rica. Um grande número de modelos científicos podem ser estabelecidos a partir de uma única e mesma hipótese, seja "*bootstrap*", "unificação", "Gaïa", ou qualquer outra, e cada uma tem seu próprio valor na investigação das propriedades dos sistemas naturais. Essas hipóteses aparecem, por sua vez, como casos particulares de uma hipótese de interdependência universal, do gênero da que rege a cosmologia de Boehme. Essa hipótese muito geral é ainda mais ineficaz no plano direto da metodologia científica. Sua eficácia situa-se em outro lugar, na formulação de uma visão do mundo que ultrapassa o enquadramento estreito da metodologia científica, sem desconectar-se completamente dela. Tal visão age num plano simbólico que pode ser muitíssimo estimulante para a imaginação de qualquer cientista. Não é o imaginário a própria fonte da descoberta das grandes teorias científicas?

Uma compreensão do conceito de *materialidade* que Boehme atribui a cada cosmos é necessária para o estudo dos isomorfismos entre sua idéia de unidade e a unidade que aparece nas teorias científicas modernas. Quando lemos em Boehme: "O Sol é engendrado e produzido a partir de todas as outras estrelas; ele é a luz extraída da natureza universal e, por sua vez, brilha na natureza deste mundo; está ligado às outras estrelas, de modo a constituir com todas elas uma só estrela",[36] tem-se a impressão de ler o texto de um físico moderno, familiar ao *bootstrap* e ao princípio antrópico, a lançar uma nova hipótese de *bootstrap* cósmico. A modernidade do pensamento de Boehme também está ligada à idéia — que retorna incessantemente em sua obra sob diversas formas — de que a Natureza não é um acidente, mas existe para ensinar-nos algo sobre nós mesmos através de nossa interação com ela. Edgar Morin observa com pertinência a moderna ressurreição do conceito de Natureza, que havia sido rechaçado pela ciência do século passado como "uma fantasia romântica": "Ao mesmo tempo que o cosmos se torna estranho, misterioso, gelado em seus espaços, ardente e explosivo em seus astros, aterrador em seus buracos negros que bebem sua própria luz, assistimos à ressurreição de uma Natureza orgânica, complexa, matricial, nutridora e placentária, envolvendo o homem e, ao mesmo tempo, constituindo seu interior".[37]

Não se deve esquecer que na cosmologia de Jacob Boehme as qualidades do ciclo setenário são *energias*, são a própria fonte do movimento. Como conseqüência disso, um fluxo energético atravessa incessantemente todos os cosmos para assegurar sua interação. Num cosmos, nada é vazio: "Toda a profundidade entre os astros e a terra está plena, e nada é vazio".[38]

A unidade de todos os cosmos corresponde a uma energia inimaginável, que se manifesta em todos os níveis: "O lugar *(locus)* em que está o Sol é um lugar como qualquer outro que poderias escolher na Terra. Se Deus quisesse acender a luz pelo calor, o mundo inteiro seria um sol semelhante. Pois a mesma força que sustenta o Sol está em toda parte ...".[39] Seria a fabulosa energia que a física deste século conseguiu pôr em evidência em escala quântica do infinitamente pequeno um "signo" dessa energia da unidade? Em todo caso, é cientificamente bem conhecido que quanto menor for a região explorada, mais energia será necessária para explorá-la. Tudo parece indicar que uma energia cada vez mais imensa estaria "oculta" nas regiões cada vez mais infinitesimais (e é bom que esteja "oculta", haja vista a loucura assassina do homem). Cada "ponto" é solidário com o Universo inteiro: é como um universo em miniatura. Pois a geração setenária é encontrada em toda parte, "mesmo no mais pequeno círculo que possa ser imaginado".[40] Mais uma vez, não se deve confundir um "signo" com a Realidade inteira. A energia que é encontrada no universo físico *não é* a energia da unidade. Na cosmologia de Jacob Boehme, é o amor [a quinta qualidade] a "fonte da unidade e da intercomunicação".[41]

Na linguagem boehmiana, a energia que os físicos conseguiram evidenciar na escala do infinitamente pequeno parece ter sua fonte na primeira tríade do ciclo setenário, isto é, a da "roda da angústia".

d. Espaço e tempo: realidade e ilusão

Como dissemos, cada ciclo setenário desenrola-se em seu próprio tempo; porém, a unidade de *todos* os ciclos setenários tem lugar no *não-tempo*. Um tempo bem determinado aparece assim como uma aproximação e uma espécie de ilusão: como uma seção do não-tempo. Como Boehme afirma continuamente: "o tempo repousa na eternidade".[42]

Do mesmo modo, o espaço característico de cada cosmos é uma aproximação, uma seção do não-espaço característico da unidade de todos os cosmos: "Pois o verdadeiro céu está em toda parte, mesmo no lugar em que estais e caminhais".[43] Na unidade plena, "o que está perto e o que está longe são uma mesma coisa".[44] Toda a cosmologia boehmiana nos fala da possibilidade da evolução da alma humana até a abolição do espaço e do tempo. Então ela poderá "ir subitamente à região superior e logo em seguida à região inferior, sem ser retida por nada".[45] Todavia, trata-se de uma potencialidade, de uma progressão a ser realizada. Essa progressão é descrita pelo processo do ciclo setenário, que, por sua vez, se desenrola num tempo particular. É esse processo que concerne diretamente a nós e a nossa vida. Sem progressão não pode haver realização. Sem sofrimento e passagem pela "roda da angústia", a luz jamais poderia surgir.

A grandeza de Boehme também reside em seu reconhecimento do valor do tempo. Ele não despreza o tempo, como não despreza o mundo exterior. Muito pelo contrário. Se o mundo exterior aparece como uma força de conciliação do mundo de trevas com o mundo de luz, o tempo é necessariamente o mediador entre o Indeterminado e seu espelho. Nosso mundo não é um mundo de queda, mas um mundo de reparação. Como conseqüência disso, nosso tempo é potencialmente um tempo *ascencional*, um tempo de desvelamento e realização. No plano da unidade de todos os cosmos, o tempo pode aparecer como uma aproximação; porém, em nosso próprio plano, é uma realidade inevitável, uma passagem necessária. O tempo da natureza, o tempo da história, o tempo de nossa própria evolução têm, todos eles, um "sentido", na dupla acepção da palavra: significado e direção. Sua direção é sua própria abolição, e seu significado é a possibilidade da progressiva realização do ciclo setenário. O tempo verdadeiramente repousa na eternidade, e, como Boehme nos diz: a eternidade "nutre-se" do tempo.

Bibliografia e notas

1. Para uma melhor compreensão do princípio antrópico, ver John Barrow, Frank Tipler e Marie-Odile Monchicourt, *L'Homme et le Cosmos — Le Principe anthropique en astrophysique moderne*, posfácio de Hubert Reeves, ed. Imago, 1984.
2. Basarab Nicolescu, *Nous, la particule et le monde*, ed. Le Mail, 1985, p. 54 e 55.
3. Steven Weinberg, *Les Trois Premières Minutes de l'Univers*, ed. Seuil, 1978, p. 179.
4. Edgar Morin, "La Relation anthropo-bio-cosmique". *In: Encyclopédie philosophique*, ed. P.U.F.
5. Jacob Boehme, *Mysterium Magnum*, trad. Nicolas Berdiaeff, ed. d'Aujourd'hui, 1978, vol. I, p. 92.
6. *Ibid.*, p. 94.
7. Pierre Deghaye, *Psychologia Sacra*, em *Jakob Boehme*, ed. Albin Michel, Coleção *Cahiers de l'Hermétisme*, 1977, p. 222.
8. Jacob Boehme, *Mysterium Magnum*, *op. cit.*, vol. I, p. 113.
9. Antoine Faivre, "La Critique boehmiènne de Franz von Baader" *(Contribution à l'étude de l'influence de Jakob Boehme en Allemagne)*. *In: Jakob Boehme*, atas do Colóquio organizado pelo Centro de Estudos e Pesquisas Interdisciplinares de Chantilly (C.E.R.I.C.), ed. Vrin, 1979, p. 141.
10. Jacob Boehme, *Mysterium Magnum*, *op. cit.*, vol. I, p. 80.
11. *Ibid.*, p. 97.
12. Jakob Boehme, *L'Aurore naissante*, trad. do Filósofo Desconhecido, ed. Arché, Milão, 1977, p. 60.
13. Jacob Boehme, *Mysterium Magnum*, *op. cit.*, vol. I, p. 60.
14. Jacob Boehme, *Des Trois Principes de l'essence divine*, trad. Louis Claude de Saint-Martin — o Filósofo Desconhecido, ed. d'Aujourd'hui, 1985, tomo I, p. 102.
15. Jacob Boehme, *L'Aurore naissante*, *op. cit.*, p. 266.

16. *Ibid.*, p. 121.
17. *Ibid.*, p. 222.
18. *Ibid.*, p. 396
19. *Ibid.*, p. 391 e 392
20. *Ibid.*, p. 219 e 220
21. Ver, por exemplo, o excelente livro de Ervin Lazlo, *Le systémisme — vision nouvelle du monde*, ed. Pergamom Press, 1981.
22. Jacob Boehme, *L'Aurore naissante*, *op. cit.*, p. 266.
23. Bernard d'Espagnat, *A la Recherche du Réel*, ed. Gauthier-Villars, 1981, p. 26.
24. Jacob Boehme, *L'Aurore naissante*, *op. cit.*, p. 365.
25. *Ibid.*, p. 266.
26. *Ibid.*, p. 319.
27. Jacob Boehme, *Mysterium Magnum*, *op. cit.*, tomo I, p. 61.
28. Jacob Boehme, *L'Aurore naissante*, *op. cit.*, p. 417.
29. Jacob Boehme, *Des Trois Principes de l'essence divine*, *op. cit.*, tomo I, p. 330.
30. *Ibid.*, tomo I, p. 54.
31. Basarab Nicolescu, *Nous, la particule et le monde*, *op. cit.*, cap. 3.
32. *Ibid.*, cap. 2.
33. James E. Lovelock, *Gaïa — A New Look at Life on Earth*, Oxfort University Press, Oxford - New York - Toronto - Melbourne, 1982. Tradução francesa, *L'Hypothèse Gaïa — La Terre est un être vivant*, ed. Rocher, 1986.
34. Para uma recente discussão desses desdobramentos epistemológicos, ver os artigos contidos *in Letre Science-Culture du Groupe de Réflexion Inter et Transdisciplinaire*, nº 26, junho/julho 1987.
35. Gerald Holton, *L'imagination scientifique*, ed. Gallimard, 1981.
36. Jacob Boehme, *L'Aurore naissante*, *op. cit.*, p. 72.
37. Edgar Morin, *La Relation anthropo-bio-cosmique*, *op. cit.*
38. Jacob Boehme, *Mysterium Magnum*, *op. cit.*, tomo I, p. 98.
39. Jacob Boehme, *L'Aurore naissante*, *op. cit.*, p. 429.
40. *Ibid.*, p. 398.
41. Alexandre Koyré, *La Philosophie de Jakob Boehme*, ed. Vrin, 1971, p. 388.
42. Jacob Boehme, *Mysterium Magnum*, *op. cit.*, tomo I, p. 86.
43. Jacob Boehme, *L'Aurore naissante*, *op. cit.*, p. 315.
44. *Ibid.*, p. 61.
45. *Ibid.*, p. 319.

Breve apêndice sobre a cosmologia física moderna

Uma característica da cosmologia moderna é a união da cosmologia astronômica e da física de partículas. Deste modo, busca-se uma descrição unificada que abarque todos os níveis da organização do Universo, desde o nível subatômico até o do Universo alcançado pelo astrônomo em seu raio máximo de visibilidade. A teoria cosmológica de maior aceitação atualmente é a do "Big Bang", que apresenta a história do Universo dividida em diversas eras, cada uma delas marcada por um acontecimento dramático. Assim, fala-se na "era da matéria", que teria começado quando a densidade da matéria superou a da radiação. Ou ainda, na "era da recombinação", que começou quando o Universo se resfriou o suficiente para que os eletrons se ligassem aos núcleos (principalmente os protons), constituindo os primeiros átomos.

Uma repartição de eras do Universo, que tem profundas conseqüências, é aquela que considera o número de "forças" atuantes na matéria. A era atual é caracterizada por quatro forças: gravitacional, eletromagnética, fraca e forte. No Universo extremamente primitivo, todas estas forças estariam unificadas numa força única. A evolução do Universo pode então ser representada como o resfriamento (a separação) de determinadas forças a partir de uma única força primitiva. No momento mais primordial que pode ser vislumbrado pela nossa física, o chamado "instante de Planck", quando o Universo tem apenas 10^{-43} segundo de idade, há apenas uma força única. Neste instante ocorre a primeira crise, a separação entre a força da gravidade e a força GUT, assim batizada pela *Grand Unification Theory*, que propõe unificar as forças eletromagnética, forte e fraca. A segunda crise ocorre quando o Universo tem 10^{-35} s. de idade, e marca a separação da força GUT em força forte e força eletro-fraca. Essa separação provoca uma imensa expansão do Universo, a chamada "Inflação". Posteriormente temos três forças: a gravitacional, a forte e a eletro-fraca. Quando chegamos ao tempo de 1 s., ocorre a divisão da força eletro-fraca em fraca e eletromagnética, e, desde então, temos o Universo com as quatro forças, com as quais estamos familiarizados.

Cada uma dessas crises ou transições de fase ocorre através de "janelas" extremamente estreitas. O resultado é a falta de simetria do Universo em que vivemos. Por exemplo, o nosso Universo é constituído por matéria e não por antimatéria. Mas qual a razão dessa assimetria, se matéria e antimatéria são especulares, isto é, se a diferença entre elas é apenas a troca do sinal das quantidades eletromagnéticas? À primeira vista, não há razão alguma para que uma exista em maior quantidade do que a outra. De fato, a predominância da matéria representa um "ajuste fino". Pois, em épocas mais primitivas havia antimatéria e a desigualdade entre esta e a matéria era mínima, isto é, a diferença era de 1 parte a cada 10 bilhões, o que dá uma idéia da estreiteza das "janelas" cosmológicas. Outro exemplo é fornecido pelo fato da força forte ser 137 vezes mais forte que a força eletromagnética. Isto é conseqüência de uma constante fundamental da física, a constante de estrutura fina (cujo valor é 137), pois se a força forte fosse ligeiramente mais fraca do que é, o único elemento estável seria o hidrogênio, o que impossibilitaria a complexidade microscópica do Universo e, conseqüentemente a vida.

Supercordas: Teoria quântica que abarca todas as forças da natureza, incluindo a força da gravidade. Esta teoria é uma teoria de unificação, ou seja, uma teoria que visa a unificar todas as forças da natureza. O projeto da teoria de unificação foi iniciado por Albert Einstein, que tentou, sem sucesso, até o fim da sua vida, elaborar a Teoria do Campo Unificado, que unificaria todas as forças conhecidas. Todas as teorias de unificação enfrentaram grandes dificuldades em incorporar a gravidade, dificuldades que foram superadas com algum sucesso pela teoria de supercordas. Proposta pelo físicos Michael Green e John Schwartz, em 1984, seu elemento fundamental é uma corda sub-microscópica em substituição à usual partícula pontual. Essa teoria é consistente apenas em 10 dimensões, que não são relevantes nas condições às quais estamos familiarizados, que são adequadamente descritas pelo *continuum* quadridimensional de espaço-tempo da Teoria da Relatividade.

Frontispício de *Epístolas Teosóficas*, 1624

CAPÍTULO IV

O Imaginário como fonte de Realidade

a. Imaginação falsa e imaginação verdadeira

Na cosmologia de Jacob Boehme, a interação da estrutura ternária da Realidade com sua organização setenária está intimamente ligada ao papel ativo, dinâmico, da imaginação. Como outros pensadores da Tradição, Boehme introduz uma distinção essencial entre a imaginação verdadeira e fundamentadora — *imaginatio vera* — e a imaginação degenerada, destruidora, separadora e diabólica — denominada simplesmente *fantasia*. Porém, a originalidade da visão de Boehme consiste numa aproximação rigorosa, precisa, do conceito de "imaginação", obtida justamente pela relação que ele introduz entre a imaginação e as duas leis que governam todo o processo da Realidade.

É evidente que essa relação não passou despercebida aos exegetas da obra de Boehme. Assim, Pierre Deghaye ressalta que cada qualidade do ciclo setenário funciona como um verdadeiro manancial da imaginação: "Cada grau do ciclo setenário representa uma *qualidade* ou *forma*, e cada uma é chamada a diversificar-se ao infinito. Desse modo, as sete *qualidades* ou *formas* são ao mesmo tempo *imagens* ou *espelhos*".[1] Todavia, as conseqüências dessa relação não foram, a meu ver, exploradas de maneira sistemática, devido às dificuldades, já assinaladas por nós, de se entender a coerência entre o ternário e o setenário.

Assim, a maioria dos comentadores da obra de Jacob Boehme enfatizam o papel primordial da imaginação divina, que corresponde ao setenário divino. Segundo essa interpretação, a imaginação divina é a matriz absoluta de toda forma, o ponto de partida de toda manifestação. Porém, isso implica a adoção de uma descrição *linear* da dinâmica setenária, contrariando os próprios textos de Boehme, que a todo momento nos diz que essa descrição linear é uma ilusão criada pela linguagem ordinária: a estrutura inevitavelmente linear e associativa da linguagem natural é transposta ao nível da dinâmica setenária.[2] Como dissemos, na cosmologia de Jacob Boehme todos os setenários têm uma estrutura cíclica, não linear, o que permite o imbricamento de todos os setenários em ação nos diversos níveis de realidade. A imaginação divina, considerada apenas no nível do setenário divino, só produziria um mundo ilusório, sem consistência. Compreende-se assim em que sentido "o eterno, que é manifesto em si mesmo, manifesta-se também fora de si e difunde sua imaginação".[3] É precisamente a "nutrição" recíproca de todos os setenários que assegura a consistência das inumeráveis formas e engendra a extraordinária diversidade dos diferentes cosmos. O setenário divino, considerado em si, separado dos outros setenários, por certo evoca em nós a pureza das formas, essa pureza assintótica e intangível do *incriado*. A imaginação divina nos dá *a ilusão de formas puras e permanentes*, num mundo fechado, onde a unidade não tolera a diversidade, onde a permanência não tolera a impermanência. Porém, toda a cosmologia de Boehme está fundada na unidade dos contraditórios. A unidade só tem sentido na existência da diversidade, e a diversidade não pode ser concebida sem a unidade. Do mesmo modo, a invariância nutre-se da mudança, e o que é passageiro seria absurdo e caótico sem a invariância: "Quando uma figura é representada num espírito, de modo que tenha consistência, se um outro espírito luta com ela e a subjuga, então esta se dissolve ou se modifica, tudo segundo a natureza das qualidades; e em Deus tudo isso é como um jogo ou teatro santo".[4] A imaginação verdadeira é como um fluxo de informação que atravessa todos os níveis de realidade, assegurando sua coerência, coexistência e não-separatividade. Poder-se-ia falar então de verdadeiros *graus de imaginação*, cada um correspondendo a certo nível de realidade. É o conjunto desses graus que constitui a imaginação verdadeira, que é em si mesma um mundo, e os pesquisadores não deixaram de relacioná-lo ao que Henry Corbin denomina *mundo imaginal*.[5] Esse mundo imaginal pode ser concebido como um fabuloso reservatório de in-formação, donde brotam as qualidades do ciclo setenário que, por seu contínuo combate, *transformam a imagem em corpo*. A imaginação verdadeira engendra assim a Realidade, num contínuo brotar, numa perpétua gênese. "A imaginação — escreve Pierre Deghaye — é a faculdade de produzir imagens. Ora, em Boehme, a imagem não é uma pálida imitação da realidade já percebida; é ela mesma uma realidade que se elabora e se torna pela primeira vez perceptível. Em alemão, *imaginação* é *Einbildung*. Esse substantivo é formado a partir do verbo *einbilden*, que reproduz perfeitamente o latim *informare*: dar forma, formar. É nesse sentido primeiro que Boehme entende o ato de imaginar. Para ele, a *imaginação* é verdadeiramente criadora de *formas*. Ela modela a substância e a atualiza".[6]

A imaginação verdadeira como fonte de realidade é uma idéia chave na cosmologia de Jacob Boehme. A recente tradução da Bíblia feita por André Chouraqui, após um longo trabalho de pesquisa interdisciplinar, reafirma essa visão de Boehme de maneira um tanto inesperada. A primeira palavra do *Génesis*, normalmente traduzida por "no princípio", introduz de imediato o conceito de tempo, de origem, contrário à idéia do não-tempo característico da eternidade. A tradução de Chouraqui para essa palavra hebraica, *Béréshit*, é, em si mesma, de um valor extraordinário para a compreensão dos textos bíblicos. "Na verdade", escreve Chouraqui, "a palavra hebraica não significa 'No princípio': existem palavras para exprimir esse conceito. Seu significado é muito mais concreto. *Béréshit* compõe-se de três termos: *Be* (em), *Rosh* (cabeça) e *it* (desinência que dá um sentido abstrato à palavra por ela terminada).[7] É portanto num sentido ao mesmo tempo concreto e abstrato que *Elohim* criou nosso próprio mundo *em sua cabeça*. No próprio texto do primeiro livro da Bíblia está escrito: "Elohim criou o homem em sua forma / em forma de Elohim o criou",[8] e em seguida: "YHVH Elohim forma / o Homem, Adão, poeira do solo, Adamah".[9] Há portanto duas criações do homem: uma na imaginação, na forma; outra, criatural, através da poeira do solo. De fato, é a imaginação verdadeira a fonte de toda a Realidade.[10]

Contudo, como já dissemos, o universo de Boehme não está predeterminado. Nesse universo de auto-organização, cada nível de realidade possui sua própria liberdade. A orientação do ciclo setenário não está fixada *a priori*. O ciclo setenário pode avançar, recuar, ou mesmo interromper-se nos intervalos de descontinuidade. De modo particular, todo o processo pode deter-se no fim da primeira tríade do ciclo setenário, sendo aprisionado no mundo tenebroso da "roda da angústia". A imaginação continua a agir, mas perverte-se, degenera-se, engendra monstros vãos e inconsistentes. Essa *imaginação falsa* tem tanta realidade quanto a imaginação verdadeira. Ela é "diabólica", no sentido etimológico do termo: *separa* e bloqueia o processo de autoconhecimento; as imagens engendram incessantemente outras imagens, num movimento infernal em que nenhuma delas adquire consistência; o *corpo* já não é engendrado, o nada nutre-se do nada. Compreende-se assim por que Boehme relaciona a imaginação falsa à *vaidade*: "... a natureza desejaria ser libertada da vaidade, para poder produzir formas celestes no santo poder".[11] Vaidade e vazio, no sentido de nada, estão intimamente ligados. Vaidade, vazio e imaginação falsa representam forças ativas e poderosas que se opõem à realização do ciclo setenário, ao nascimento do corpo e da luz. Não as vemos agir a cada instante de nossa vida cotidiana? Todavia, não devemos deixar-nos cair na armadilha das conotações morais ou psicológicas. Na cosmologia de Jacob Boehme, a vaidade, como observa Miklos Veto, "tem um sentido propriamente metafísico".[12] A vaidade é engendrada por uma não-conformidade, por uma desconexão com seu próprio lugar nos processos cósmicos. É a imaginação falsa que a mantém viva, nessa verdadeira *vida da morte*. Porém, paradoxalmente, a imaginação falsa pode ter um papel construtivo. Ela é como uma luz negra que nos permite ver melhor a verdadeira luz da vida: sem o titânico combate cósmico entre a imaginação falsa e a imaginação verdadeira não poderia haver a realização do ciclo setenário. Tudo se resume a uma questão de *lugar (locus)*: o lugar da imaginação falsa é a roda da angústia, etapa necessária mas que deve ser ultrapassada para que haja realização. Quando esse lugar deixa de ser respeitado, a destruição, a anarquia e a morte instauram-se. Num mundo de imaginação falsa é a morte que vive.

b. O sono e o imaginário

Até o momento, empregamos a palavra "imaginação" para sermos fieis às traduções francesas da obra de Jacob Boehme e às suas diversas exegeses publicadas em francês. No entanto, o uso contemporâneo da palavra "imaginação" faz com que se pense imediatamente em fantasia, o que é totalmente contrário ao sentido que lhe atribui Boehme. Por isso, doravante, preferimos utilizar, sempre que possível, a palavra *imaginário*,* bem ancorada na terminologia moderna, sobretudo depois dos trabalhos de Gilbert Durand e sua escola.

Uma discussão sobre a relação entre o sono e o imaginário poderia surpreender à primeira vista. No entanto, ela é crucial, pois na obra de Boehme o sono aparece como um símbolo central de sua cosmologia, tendo uma acepção metafísica muito diferente do significado evocado por essa palavra na linguagem ordinária.

"Contempla e considera o sono", escreve Boehme, "e encontrarás tudo. O sono nada mais é que ter sido subjugado".[13] Porém, subjugado por quem ou o quê? É precisamente o processo de corporificação do imaginário que contém em germe o sono como elemento de resistência, de bloqueio dessa corporificação: "... o sol, as estrelas e todos os quatro elementos combateram-no [Adão] tão forte e poderosamente que o venceram, de modo que ele caiu no sono".[14]

O sono aparece assim como uma parada, como uma ruptura no processo evolutivo; significa a parada de todo contato com a

---

* Na edição americana, o termo francês *imaginaire* foi traduzido por "imaginal", sob a justificativa de evitar as possíveis e equivocadas conotações de sonho e não-substancialidade dos termos "imaginário" e "imaginação". O termo "imaginal" forjado por Henry Corbin é definido sinteticamente por Gilbert Durand na *Enciclopédia da Religião* como uma maneira de apresentar imagens da Realidade última, do divino, sem cair nas armadilhas da idolatria. Trata-se claramente de uma imaginação criadora ou inspiração da mais elevada ordem, seja o termo aplicado à metafísica ou à física, como Nicolescu e Durand o fazem. Embora reiterando o mesmo sentido dado pelos autores citados, e apesar do termo "imaginário" ser corrente em outros contextos, nos quais adquire significações absolutamente diversas (na linguagem ordinária e na psicanálise, por exemplo), optamos pela tradução mais literal ao original francês. Além do mais, no contexto em que Nicolescu o emprega, parece-nos que "imaginal" e "imaginário" são realmente distintos, pois, aqui, "imaginário" pode ser caracterizado como a faculdade imaginativa que pode voltar-se tanto à imaginação verdadeira quanto à falsa. Desse modo, "imaginal" seria, nas palavras de Nicolescu, "a abertura de nosso imaginário [exclusivamente] para a imaginação verdadeira" e não à falsa, o que resultaria naquilo que Boehme chama "fantasia". (N.T.)

imaginação verdadeira, uma separação do fluxo da Realidade devido a um retorno, a um mergulho no abismo da imaginação falsa. Boehme fala "do Grande Mistério da separatividade, do qual as criaturas provêm ...".[15] Essa separatividade implica necessariamente o sono, como uma etapa do conhecimento de si mesmo, um *esquecimento* de sua verdadeira natureza. O sono em si mesmo não é nocivo, pois "... onde está o sono, ali a força divina se oculta no centro".[16] Todavia, um sono que se prolonga por uma vida inteira equivale à morte. Portanto, é justamente ao despertar que Boehme, gigante da maiêutica, nos convida a todo momento. O despertar, a retomada do contato com a imaginação verdadeira, é um novo nascimento. Nesta vida, podemos renascer através da imaginação verdadeira e da reintegração de nosso lugar próprio no movimento do Universo, lugar esse inseparável do conjunto dos níveis de realidade. O homem constrói-se a si mesmo através do poder da imaginação verdadeira, ele *é* a encarnação dessa imaginação.

Um surpreendente processo dessa alquimia espiritual é descrito na obra de Boehme. Para ele, o *imaginário e a fé são inseparáveis*. Assim como cada ciclo setenário, que conduz à corporificação do imaginário, corresponde a certo grau de materialidade, assim também a própria fé tem uma consistência "material": é um *alimento* que nutre os diversos níveis de realidade. O imaginário e a fé do homem nutrem assim a Divindade por um processo ascendente, enquanto o imaginário da Divindade nutre por sua vez o homem por um processo descendente, num ciclo perpetuado incessantemente por aqueles que crêem. Boehme descreve sem nenhuma ambigüidade *a fé como alimento*: "Cristo, enquanto Verbo eterno da Divindade, não se alimenta da substância celeste como criatura, mas o que constitui seu alimento é a fé e a firme oração do homem, e o louvor a Deus na alma do homem...".[17]

A alimentação recíproca de todos os níveis de realidade pede portanto nossa participação ativa, através da abertura de nosso imaginário para a imaginação verdadeira.

O sono do homem equivale assim a uma verdadeira catástrofe cósmica: ele simplesmente bloqueia o movimento do Universo. Não obstante, isso de modo algum significa que o sono do homem e até mesmo seu total desaparecimento como espécie impediriam os planetas de girar e as galáxias de existir. Apenas o universo vivo de Boehme transformar-se-ia num universo morto, mecânico, animado por uma aparência enganosa de movimento.

c. A física moderna e o imaginário sem imagens

Há, sobretudo na matemática e na física teórica, um falso pressuposto de que a criação científica tem de estar associada a uma metodologia lógica inabalável. É verdade que um resultado científico parcial, técnico, geralmente é obtido pelo desenvolvimento rigoroso de certo formalismo. Porém, no grande jogo da invenção científica, o imaginário tem muitas vezes um papel predominante à calma imperturbável da lógica científica.

Importantes passos em direção à compreensão do papel do imaginário nas matemáticas modernas foram dados pelos testemunhos de dois grandes matemáticos: Henri Poincaré[18] e Jacques Hadamard.[19] Na física teórica o papel do imaginário foi explorado por Gerald Holton,[20] e também nós tivemos a ocasião de nos expressar sobre esse tema.[21]

A matemática e a física teórica estão ligadas por uma característica comum: o imaginário opera aqui numa estrutura abstrata, matemática, cujo refinamento e complexidade excluem qualquer entendimento fácil. Todavia, há também uma diferença importante entre a matemática e a física teórica: os matemáticos ocupam-se da coerência interna de suas representações, enquanto os físicos teóricos devem, além do cuidado na coerência interna de suas representações, confrontá-las com a firme resistência da Natureza. É verdade que essa diferença não é tão grande quanto parece à primeira vista. As teorias matemáticas são, afinal, engendradas pelo cérebro, e o cérebro tem essa extraordinária capacidade de adequar-se à Natureza. Isso explica por que certas teorias matemáticas puderam encontrar suas aplicações na física, às vezes muito tempo depois de sua descoberta. Ocorre, porém, que a presença direta da Natureza chamada "exterior" introduz um novo termo na dinâmica do imaginário da física teórica.

O que nos interessa no contexto do presente livro é a emergência de uma nova forma de imaginário na física quântica, caracterizado pela total abolição da imagem, ao menos daquela fundada na informação fornecida pelos órgãos dos sentidos. Essa nova forma de imaginário foi engendrada pela confrontação entre dois níveis diferentes de realidade: o nível macroscópico — situado em nossa própria escala — e o nível quântico.

Creio que alguns exemplos poderão ilustrar o sentido desta proposta melhor que qualquer desenvolvimento teórico.

Em primeiro lugar, a escala em que o mundo quântico é descoberto é, em si mesma, vertiginosa. Se tomamos 1 cm e o dividimos em dez partes iguais, e em seguida tomamos uma dessas partes e também a dividimos em dez, e continuamos essa operação até repeti-la treze vezes (10^{-13} cm), chegamos às portas do mundo quântico; uma singularidade "infinitamente pequena" que, longe de ser simples, esconde uma infinita complexidade. Penetrando distâncias ainda menores, surpresas extraordinárias nos esperam. Por exemplo, a unificação das várias interações — forte, eletromagnética e fraca — dá-se sob uma energia fabulosa (10^{15} vezes maior que a energia correspondente à massa do proton). Segundo a relação de Heisenberg, essa energia corresponde distância infinitesimal (10^{-29}). Se o proton fosse grande como o Sol, essa escala de unificação seria a de um grão de poeira (deixo ao leitor o prazer de descobrir a dimensão de seu próprio corpo em relação a esse grão de poeira). A unificação de todas as interações físicas dá-se sob uma energia ainda mais fabulosa (10^{19} vezes a massa do proton), o que corresponde a uma distância ainda mais infinitesimal. Como imaginar *o lugar* em que todas as interações se fundem numa única e mesma interação? Como o imaginário habitual, baseado na informação fornecida pelos órgãos dos sentidos, poderia escapar à vertigem ao contemplar tal escala? E, no entanto, precisamos resistir a essa vertigem se não queremos que nossos discursos sobre a "realidade" se transformem em mera prolixidade, em mera ilusão. Pois essa escala infinitesimal tem tanto (ou mais) direito ao *status* de "realidade" quanto nosso próprio corpo e os objetos que nos cercam na vida cotidiana.

No mundo quântico reina a deusa "descontinuidade". A energia varia em saltos: entre dois níveis energéticos sucessivos não há nada, estritamente nada, nenhum outro nível de energia. Os "números quânticos" das partículas (que são características dessas partículas, assim como o peso de nosso corpo, a cor de nossos olhos etc. são características de nosso corpo) têm valores precisos, discretos, e entre dois valores sucessivos desses números quânticos não há nada, estritamente nada, nenhum outro número possível. Esta descontinuidade de que falamos é pura e dura, e nada tem em comum com o significado dessa palavra na linguagem ordinária (como, por exemplo, a bifurcação de um caminho). Como imaginar tal descontinuidade? Tentemos imaginar uma "escada quântica" cujos degraus não estão *de modo algum* ligados entre si, e tentemos imaginar-nos subindo tal escada. Isto é evidentemente impossível; nossa imaginação habitual preenche instintivamente o intervalo entre os degraus. Tentemos outra imagem: um pássaro que salta de um galho a outro de uma árvore *sem* passar por nenhum ponto intermediário: é como se o pássaro se materializasse subitamente em qualquer galho. É evidente que nossa imaginação habitual se paralisa ante tal possibilidade, mesmo que a matemática possa tratar esse tipo de situação com rigor.

Nesse "Vale da Estupefação",* muitas outras surpresas espreitam o viajante, aguçando seu imaginário e forçando-o a descobrir em si mesmo um grau insuspeito do imaginário que faz tudo retornar à ordem e lugar apropriados. Em seu caminho, o viajante encontra uma dessas partículas quânticas que lhe aparece como onda e partícula *ao mesmo tempo*. "Contradição!, ilusão!", exclama ele. "É como se me dissessem que sou e não sou ao mesmo tempo". Mas subitamente sua face se ilumina, pois enfim ele compreende ter sido seu próprio olhar que viu uma onda *e* uma partícula ao mesmo tempo, por um recorte conforme à sua própria natureza. Esse habitante do Vale da Estupefação é, na verdade, muito mais complexo que uma onda ou uma partícula.

Mais confiante, ele continua sua jornada. Então pára e não quer mais aceitar o que vê, pois vê com seus próprios olhos a famosa não-separatividade quântica, da qual lhe falaram com tanta freqüência nas obras de divulgação publicadas em seu próprio mundo. Até este momento, ele estava pronto a aceitar tudo: que os habitantes desse mundo quântico se movem em velocidades vertiginosas, incomparavelmente maiores que a de nossos foguetes; que o vazio que o cerca está repleto de formas evanescentes que aparecem e desaparecem perpetuamente, numa sinfonia de formas de inigualável beleza; que a energia oculta nesse mundo quântico é imensa, sem proporção alguma com as energias que se manifestam no próprio mundo do viajante. Porém, essa "não-separatividade" o deixa furioso. Ver dois habitantes desse Vale da Estupefação — um numa galáxia, outro noutra — reagir simultaneamente, como um todo, ultrapassa em muito sua capacidade de aceitar o desconhecido. Como pode nosso viajante, que co-

---

* Extraído d'*A Linguagem dos Pássaros*, a epopéia de Farid ud-Din Attar, é o nome de um dos sete vales que devem ser transpostos pelo viajante que busca a verdade. Aliás, é com esta passagem de Attar que Nicolescu abre o primeiro capítulo de seu livro *Nous, le particule et le monde*. (N.T.)

nhece bem a teoria da relatividade e sabe que nenhum sinal pode ultrapassar a velocidade da luz, conceber que essas duas partículas possam reagir simultaneamente quando nenhum sinal conhecido pode ligá-las entre si? "Magia, mística, mistificação!", exclama ele, decidido a sair desse mundo quântico, pois quer, a qualquer preço, preservar sua razão. Nesse exato momento, vê surgir diante de si um outro viajante de seu próprio mundo, um compatriota, que começa a conversar com ele. É verdade que há algo de perturbador em sua face: ora lembra vagamente a de um pensador do século XVI, ora assemelha-se de súbito à de um físico do século XX, e há inclusive momentos em que a face do outro viajante se assemelha perfeitamente à sua própria. Todavia, sua palavra é serena, calma, tranqüilizadora, racional.

"Nada há de estranho aqui, meu amigo," diz o segundo viajante. "Estou aqui há muito tempo e tive a oportunidade de convencer-me disso. Agora é antes nosso próprio mundo que me parece estranho, incompreensível, e quando retornarmos a ele teremos de fazer o esforço necessário para compreendê-lo. Tomemos essa famosa 'não-separatividade' que tanto te perturba. Um exemplo poderia fazer que compreendas por que nada há de estranho ou mágico nela. Imagina-te de novo em teu próprio mundo tão familiar, de três dimensões espaciais. Agora imagina uma folha de papel (de duas dimensões), povoada por todo tipo de habitantes, cujos órgãos dos sentidos lhes permitem perceber com precisão o que se passa em duas dimensões, mas exclusivamente em duas dimensões. Tomemos agora um círculo e deixemos que ele penetre suavemente a folha de papel, num ângulo perpendicular a essa folha. Os habitantes desse mundo bidimensional verão primeiro a súbita aparição de um ponto. Pensarão tratar-se de um novo fenômeno, e que seria conveniente estudá-lo com todos os meios de sua ciência. Em seguida, verão o ponto separar-se em dois, que aos poucos se afastam um do outro. Farão todo tipo de experiências e inventarão teorias para explicar perfeitamente o que se passa.

As complicações começarão quando um desses físicos de duas dimensões — aliás, um dos mais brilhantes de sua época — mostrar sem ambigüidade alguma que o movimento dos dois pontos indica a existência de correlações incompreensíveis: os dois pontos reagem como um conjunto solidário, sem que nenhum sinal possa ligá-los entre si, pois, segundo a teoria há muito formulada por um de seus cientistas, os físicos sabiam que nenhum sinal pode ultrapassar certa velocidade limite. Os físicos desse mundo bidimensional tinham acabado de descobrir a 'não-separatividade'. O círculo continua seu movimento: os dois pontos, após atingir a distância máxima (o diâmetro do círculo), começariam a aproximar-se até se juntarem num só ponto, que em seguida desapareceria subitamente do mundo da folha de papel sem deixar qualquer vestígio: o círculo teria apenas atravessado o papel. Enquanto isso, polêmicas assolariam o mundo de duas dimensões, não apenas na comunidade dos físicos, mas também entre os filósofos e teólogos. De tempos em tempos o grande público assistiria a seus debates televisados ou leria alguns de seus incontáveis compêndios, sem nada compreender do que estaria ocorrendo. Até hoje a não-separatividade continuaria a ser considerada um grande mistério, ainda que uma poderosa associação 'de-pensar-conforme-nossos-próprios-sentidos' tentasse fazer que eles acreditassem não haver mistério algum, dizendo: é necessário ler as equações matemáticas, ver que 'isso de fato ocorre' e não tentar 'compreender' mais do que permitem as equações.

"No entanto, *para nós* a situação é muito simples e racional: trata-se apenas de um círculo que atravessa uma folha de papel."

A face do viajante torna a iluminar-se. Ele compreende que seus próprios hábitos de pensamento o impedem de perceber a nova realidade.

Ele continuou sua jornada por longo tempo e descobriu muitas outras maravilhas. Após sua viagem (seria demasiado descrevê-la aqui em detalhe) ele retornou a seu mundo e escreveu um livro de grande erudição: *Da natureza do Espaço-Tempo*, que teve extraordinária repercussão entre seus compatriotas; não apenas entre cientistas e filósofos, mas também em toda a população. A prova disso é que agora muitos se empenham em empreender a viagem ao Vale da Estupefação, com a secreta esperança de com isso poderem enfim compreender seu próprio mundo, tornado, nesse meio tempo, caótico, anárquico, violento, louco.

É claro que a viagem de que falamos é uma viagem imaginária no imaginário. Ninguém "viu" realmente as partículas quânticas. Suas propriedades sempre são detectadas de uma maneira muito complexa e indireta por diversos instrumentos de medição, em especial por essas "catedrais" dos tempos modernos que são os grandes aceleradores de partículas. Então é cada vez mais difícil separar os resultados experimentais de sua interpretação teórica: a teoria torna-se cada vez mais parte integrante da "realidade" dessas partículas. A situação é de tal modo complexa que alguns preferem negar qualquer espécie de referência à "realidade quântica": há, dizem eles, um conjunto de receitas operativas que "funcionam", e é tudo. Por que tentar imaginar o inimaginável? — Pode-se perceber nessa posição aparentemente racional uma forte dose de irracionalidade. Por que fechar os olhos do imaginário, senão por temor de se perderem os hábitos de pensamento? Por que fechar as portas do imaginário senão por medo de destruir a tão tenaz ilusão moderna da existência de um único nível de realidade? Esse poderoso pressuposto metafísico oculta-se, na verdade, atrás das tomadas de posição pretensamente "racionalistas", numa espécie de combate de retaguarda.

Com efeito, o imaginário do mundo quântico abre um fabuloso espaço de liberdade, compreensão, diálogo, de onde a razão não é excluída, mas, muito pelo contrário, é o guia dos passos do buscador da verdade. Trata-se, é verdade, de uma razão não-estática, evolutiva, que descobre seus próprios patamares no contínuo diálogo com a Natureza. Assim, razão e imaginário são indissociáveis. O imaginário ajuda-nos a transpor a soleira entre dois diferentes níveis de realidade, mas é a razão que nos ajuda a explorar com rigor um nível específico de realidade.

Nesse contexto, creio ser importante distinguir dois tipos de imaginário na criação científica. Uma primeira forma do imaginário, a mais conhecida e mais comum, corresponde à ação no interior de um único nível de realidade. Uma segunda forma do imaginário — que poderia ser qualificada de "paradoxal" — diz respeito à ação em vários níveis de realidade. Esta forma, que se manifesta nas grandes invenções das novas teorias científicas, é mais sutil, mais rara e de mais difícil aproximação ou experimentação. A meu ver, esta é semelhante à que pode ser encontrada nas grandes criações artísticas.

Se eu fosse obrigado a escolher um só nome para encarnar o transtorno da nossa visão do mundo devido à física quântica, escolheria sem hesitação Max Planck, personagem capital desse "Mahabharata" moderno encenado diante de nossos olhos neste século. As páginas de sua *Autobiografia científica* deixam transparecer toda a complexidade de seu processo interior de clarificação: "Minhas vãs tentativas de ajustar de uma maneira ou outra o *quantum* elementar de ação à estrutura da física clássica prosseguiram durante alguns anos e custaram-me muitos esforços. Vários colegas sentiram que havia ali algo que se aproximava da tragédia. Mas tenho uma opinião diferente sobre isso. Pois a luz total que eu então experimentava foi para mim verdadeiramente de uma riqueza sem igual. A partir de então eu sabia com toda a certeza que o *quantum* elementar de ação representava na física um papel muito mais importante do que eu fora levado a pressentir no início...".[22]

As palavras "tragédia" e "luz total" devem ser destacadas. Em que sentido se pode falar de uma "tragédia" a respeito de uma noção científica? Estaria ela ligada a uma ilusão obsessiva de um *único* nível de realidade? E qual é precisamente a natureza dessa "luz total" experimentada por Max Planck? Estaria relacionada à aceitação da existência de *vários* níveis de realidade?

A confrontação entre dois diferentes níveis de realidade, mediante a ação do imaginário, contém em si mesma um imenso potencial de *poetização* do Universo, de reencantamento do mundo. Não se trata, é claro, de efusões líricas mais ou menos arbitrárias, inspiradas por uma contemplação superficial das "maravilhas" da ciência moderna, mas de um engajamento mais pleno do homem no caminho do conhecimento de si mesmo e do Universo. O imaginário "in-formado" pode integrar tão bem a abstração matemática quanto a liberdade da intuição: tanto os dados obtidos pela exploração da Natureza quanto os sentimentos despertados pela contemplação desses dados. É esse imaginário "in-formado" que permite nos dias de hoje a abertura de um grande diálogo entre Ciência, Arte e Tradição.

Bibliografia e notas

1. Pierre Deghaye, *La Naissance de Dieu ou La doctrine de Jakob Boehme*, ed. Albin Michel, Coleção *Spiritualités Vivantes*, 1985, p. 257.
2. Esta observação lembra de maneira notável as dificuldades que temos em traduzir a física quântica em termos da física clássica; dificuldades essas muito ressaltadas pelos pais fundadores da Mecânica Quântica, em especial por Niels Bohr.
3. Jacob Boehme, *De la Base sublilme et profonde des six points théosophiques*, trad. de Louis Claude de Saint-Martin, em *Jakob Boehme*, ed. Albin Michel, Coleção *Cahiers de l'Hermétisme*, 1977, p. 131.
4. Jacob Boehme, *L'Aurore naissante*, trad. do Filósofo Desconhecido, ed. Arché, Milão, 1977, p. 206 e 207.
5. Jean-Louis Vieillard-Baron, *Le problème du dualisme dans la pensée de Jakob Boehme*, em *Jakob Boehme*, atas do Colóquio organizado pelo Centro de Estudos e Pesquisas Interdisciplinares de Chantilly (C.E.R.I.C.), ed. Vrin, 1979, p. 68.
6. Pierre Deghaye, *Psychologia Sacra*, em *Jakob Boehme*, ed. Albin Michel, *op. cit.*, p. 220.

7. *La Bible*, traduzida ao francês e apresentada por André Chouraqui, vol. *Entête*, ed. Desclée, De Brouwer et Cie, Paris, 1979, p. XI. Para manter a grande variedade de sentidos atribuídos à palavra *Béréshit* nos últimos dois mil anos, André Chouraqui adota o neologismo *Entête* [*Nacabeça*].

8. *Ibid.*, p. 17.

9. *Ibid.*, p. 18.

10. Estamos convencidos de que uma comparação detalhada dos textos bíblicos traduzidos por André Chouraqui com os textos de Jacob Boehme conduziria à descoberta de concordâncias surpreendentes, desconhecidas até o momento, mas tal comparação ultrapassa em muito nossa própria competência.

11. Jacob Boehme, *L'Aurore naissante*, *op. cit.*, p. 86.

12. Miklos Veto, *Le Mal selon Boehme*, em *Jakob Boehme*, ed. Vrin, *op. cit.*, p. 107.

13. Jacob Boehme, *Des Trois Principes de l'essence divine*, trad. de Louis Claude de Saint-Martin, o Filósofo Desconhecido, ed. d'Aujourd'hui, 1985, tomo I, p. 197.

14. *Ibid.*, p. 196.

15. Jacob Boehme, *De l'Élection de la Grâce*, trad. de Debeo, ed. Arché, Milão, 1976, p. 95.

16. Jacob Boehme, *Des Trois Principes de l'essence divine*, *op. cit.*, tomo II, p. 11.

17. Jacob Boehme, *Mysterium Magnum*, trad. de Nicolas Berdiaeff, ed. d'Aujourd'hui, 1978, vol. IV, p. 379.

18. Henri Poincaré, *Bulletin de l'Institut Général de Psychologie*, nº 3, 1908. O texto dessa conferência foi reproduzido em *Science et méthode*, cap. III: *L'Invention mathématique*, ed. Flammarion, 1908.

19. Jacques Hadamard, *Essai sur la psychologie de l'invention dans le domaine mathématique*, ed. Gauthier-Villars, coleção *Discours de la méthode*, 1978. A primeira edição deste livro foi publicada em 1945, em inglês, pela Princeton University Press, New York.

20. Gerald Holton, *L'Imagination scientifique*, ed. Gallimard, 1981; *Thematic Origin of Scientific Thought: Kepler to Einstein*, pela Harvard University Press, U.S.A., 1973; *The Scientific Imagination: Case Studies*, Cambridge University Press, U.S.A., 1978.

21. Basarab Nicolescu, *Nous, la particule et le monde*, ed. Le Mail, 1985, cap. 5; ver também, "L'imaginaire sans images: symboles et thêmata dans la physique contemporaine", em *Cahiers de l'Imaginaire*, nº 1: "L'Imaginaire dans les sciences et les arts", ed. Privat, 1988, p. 25-36; e "Vision de la réalité et réalité de la vision: l'imaginaire dans la physique moderne", na IRIS, revista do Centro de Pesquisa do Imaginário de Grenoble, nº 2, 4º trimestre de 1986, p. 37-57.

22. Max Planck, *Autobiographie scientifique*, tradução, prefácio e notas de André George, ed. Albin Michel, 1960, p. 94.

Frontispício de *Reflexões sobre o livro de Isaías*, 1621

CAPÍTULO V

O inesperado encontro: ciência e Tradição

a. Distinções necessárias: os termos "ciência" e "Tradição"

Se há um campo fértil em múltiplas confusões e deturpações, é justamente o encontro contemporâneo entre ciência e Tradição. Estimulado pelos transtornos que a ciência fundamental, em especial a física quântica, suscitou à lógica, à epistemologia e à nossa visão do mundo, este tema chegou mesmo a tornar-se moda: muitos livros (alguns deles *best-sellers*) e muitos colóquios tentam, de maneira mais ou menos feliz, esclarecer os laços entre o pensamento científico moderno e o pensamento tradicional. Em primeiro lugar, o que surpreende nesse debate é a competência (ou antes a incompetência) da maioria dos interlocutores. Pessoas que não são cientistas exprimem-se levianamente a respeito de problemas complexos da física quântica (complexos mesmo para os especialistas), e autores que visivelmente não conhecem quase nada da Tradição exprimem-se com total segurança sobre qualquer assunto que diga respeito ao pensamento tradicional. A situação torna-se ainda mais ridícula (ou mais inquietante) quando os mesmos autores nos revelam os laços ou a ausência deles entre a ciência e a Tradição. Pois parece que tudo, ou quase tudo, já foi afirmado nesse campo: da proclamação de uma identidade entre a visão do mundo proposta pela Tradição (sobretudo a extremo-oriental) e a da ciência, até a proclamação da ausência de qualquer ponte possível entre a ciência e a Tradição. Todavia, tal pesquisa não pode, é claro, ser empreendida por proclamações; as paixões militantes só podem obscurecer o debate.

Dois fatos parecem-me dignos de serem ressaltados com clareza.

Por um lado, o presente debate, inimaginável no início do século, na época do cientificismo triunfante, tem o mérito — apesar de todas as confusões inerentes ou intencionais — de pôr em evidência a existência de um verdadeiro problema. Depois de tudo, a ciência fundamental lança suas raízes na terra fértil das questões comuns a todas as áreas do conhecimento: Qual é o sentido da vida? Qual é o papel do homem no processo cósmico? Qual é o lugar da natureza no conhecimento? É verdade que gradualmente estas questões foram paulatinamente consideradas não-científicas e relegadas ao inferno do irracional, área reservada ao poeta, ao místico, ao artista ou ao filósofo. No entanto, a ciência é um processo em andamento, de modo que nos permite indagar se, por seu próprio movimento interno, ela não teria retornado à suas fontes, enriquecida por todas as aquisições da metodologia científica e dos impressionantes meios colocados à sua disposição ao longo da história.

Por outro lado, as inúmeras confusões que surgiram nesse debate são ao menos em parte inevitáveis: tanto a ciência moderna como a Tradição são campos de extraordinária complexidade.

É difícil, senão impossível, uma única pessoa possuir ao mesmo tempo *os conhecimentos e a prática* desses dois campos. A nosso ver, a pesquisa dos elos entre a ciência moderna e a Tradição é, por excelência, um problema transdisciplinar: é a reunião das competências próprias que poderá fazer avançar essa pesquisa. Isto não quer dizer que, na ausência de uma pesquisa verdadeiramente transdisciplinar, toda opinião individual seria banida. O diálogo permanece possível, contanto que cada um permaneça o mais próximo possível de sua própria competência. Ao menos, essa é a atitude que nós mesmos adotamos.

Outro aspecto vem obscurecer singularmente o debate: trata-se do próprio significado da palavra "Tradição".

Em primeiro lugar, há a acepção usual do termo, que logo faz pensar em "costume", "hábito" ou "maneira de pensar, fazer ou agir, como mera herança do passado".[1] É evidente que não é essa a acepção adotada no debate ciência-Tradição; porém, para um público desavisado, tal acepção pode causar uma insidiosa confusão. Não vemos jornais e revistas de alta qualidade intelectual que, no entanto, evitam cuidadosamente abordar o debate ciência-Tradição, temendo que seus leitores possam associá-lo a conotações políticas "de direita"? Acaso não é verdade que o termo "tradição" é associado a uma noção ideológica conservadora? Essa situação pode parecer caricatural, mas infelizmente corresponde à triste realidade.

Numa segunda acepção, menos corrente e mais adequada ao nosso contexto, "tradição" significa "o conjunto das doutrinas e práticas religiosas ou morais, transmitidas de século a século, originalmente através da palavra ou do exemplo", e também "o conjunto das informações, mais ou menos legendárias, relativas ao passado, a princípio transmitidas oralmente de geração em geração".[1] Segundo essa definição, a Tradição engloba as diversas "tradições": cristã, judaica, islâmica, budista, etc. Para distinguir esta da primeira acepção da palavra "tradição", costuma-se escrevê-la com maiúscula.*

Todavia, mesmo esta segunda acepção dá margem à confusão. Num texto fundamental sobre o esoterismo ocidental,[2] Antoine Faivre propõe uma tripla distinção que nos pode ajudar a eliminar as possíveis confusões. Ele distingue assim três vias contemporâneas da Tradição: a via *severa* ou *purista*, a via *histórica* e a via *humanista* ou *alquímica*. "Os representantes da via 'purista' — escreve Antoine Faivre — estabelecem a existência de uma Tradição 'primordial' (que não deve ser tomada num sentido histórico e cronológico) e 'de origem não-humana', como muitas vezes afirma René Guénon, mestre incontestável dessa via no século XX. Esse depósito de sabedoria e gnose [a Tradição primordial] pertencia à humanidade, que deixou que ela fosse dilapidada e dissolvida".[3] Quanto à via "histórica", esta enfatiza "os modos de emergência através *das* tradições... Os representantes dessa segunda via garimpam livremente aqui e acolá, conforme um processo comparável ao que os estudantes norte-americanos chamam '*shopping around*': no primeiro ano da universidade, inscrevem-se em vários cursos, com freqüência muito diferentes entre si, antes de fazerem sua escolha".[4] Por fim, há a via "humanista" ou "alquímica", que está aberta para os tempos modernos: "...nessa terceira via, trata-se de tomar

---

* Observamos que a raiz latina da palavra "tradição" (*transducere*) é a mesma de "tradução", ambas trazendo etimologicamente a mesma idéia de "transmissão", processo que pode dar-se de um lugar a outro, de uma língua a outra, ou, como no caso das acepções citadas acima, de um tempo a outro. No entanto, no que diz respeito à "Tradição", como também à tradução, isso nem sempre pode ocorrer de maneira estática, linear e literal, pois nesse processo algo deve ser abandonado e superado (em última instância, sua forma anterior) para que algo seja conservado e atualizado. Neste sentido, tradução e Tradição envolvem necessariamente uma intelecção particular, uma exegese, num processo sempre dinâmico e dialético. Somente assim torna-se possível conceber uma transmissão não apenas nos planos espacial, temporal ou lingüístico, mas especialmente de um nível de realidade a outro, de uma tradição a outra, em conforme será exposto mais adiante pelo Autor. (N.T.)

o mundo como *materia prima*, todo esse mundo que Guénon recusava como produto do *Kali Yuga*...".[5] A Natureza, a cultura e a ciência não são rejeitadas por essa terceira via. Nem é preciso dizer que é essa terceira via da Tradição — da qual Jacob Boehme é um ilustre precursor — que nos interessa no contexto do encontro entre a ciência moderna e a Tradição.

A expressão "ciência moderna" é um pouco menos ambígua, mas também se presta a múltiplas confusões. Confunde-se "metodologia científica" com "teoria científica", e "teoria científica" com "interpretação de uma teoria científica", para não falar da confusão tão corrente (e tão perniciosa) entre "ciência" e "cientificismo", ou entre "ciência fundamental" e "tecnologia". É impossível esclarecer aqui todas essas confusões; no entanto temos de introduzir algumas distinções necessárias.

Em primeiro lugar, é legítimo falar em "ciência", ou deve-se falar antes em "ciências", do mesmo modo que algumas pessoas questionam se se deve falar em "Tradição" ou "tradições"? O que vemos desenrolar-se na realidade da atividade científica é antes a explosão de uma multidão de ciências de extraordinária variedade, cada uma tendo quase absoluta autonomia em seu próprio domínio. É verdade que a interseção das diversas ciências nem sempre é um vazio completo, donde o valor indiscutível da interdisciplinaridade. O reconhecimento de uma fronteira entre duas ciências diferentes é muitas vezes de grande fertilidade. É justamente nessas fronteiras que novas ciências nascem, adquirindo, por sua vez, uma autonomia quase absoluta. Todavia, a existência dessas fronteiras, dessas interseções das diversas ciências, não assegura a unidade da ciência; apenas demonstra o valor de certos métodos que, embora engendrando novas ciências, não têm um caráter universal.

Há então a unidade da ciência? Evidentemente a unicidade da metodologia científica não implica a unidade da ciência. Se essa unidade existe, deve ser buscada em outro lugar. Nesse contexto, a proposição de Gerald Holton é sedutora.[6] Holton pôs em evidência a existência de estruturas ocultas mas estáveis na evolução das idéias científicas: os *thêmata*. Os *thêmata* são pressupostos ontológicos, inconscientes para a maioria das pessoas (não se revelam no corpo estabelecido da ciência), mas que dominam o pensamento de um ou outro cientista. Geralmente apresentam-se sob a forma de alternativas duplas ou triplas: evolução/involução, contínuo/descontínuo, simplicidade/complexidade, invariância/variância, holismo/reducionismo, unidade/estrutura hierárquica, constância/mudança etc. Duas características impressionam aqueles que estudam os *thêmata*: (1) sua antiguidade e sua persistência no tempo, e (2) seu número restrito (Holton contou apenas algumas dezenas de *thêmata* em toda a história da ciência). Assim ele pôde afirmar: "é essa durabilidade de um número relativamente pequeno de *thêmata*, como também sua difusão em determinado momento no seio de toda a comunidade, que assegurou à ciência a permanente identidade que em certa medida ela preserva, apesar dos desenvolvimentos e mudanças que sofre".[7] Essa hipótese da unidade da ciência é justificada, e podemos adotá-la como uma boa hipótese de trabalho.

Uma vez feita essa distinção entre "ciência" e "ciências", podemos abordar muito brevemente as outras distinções necessárias.

A *metodologia científica* é única e invariável: não mudou desde os trabalhos de Galileu e dos outros fundadores da ciência moderna. Isso não quer dizer que esta metodologia científica não poderá mudar um dia; mas essa mudança só poderá ocorrer sob a pressão de uma absoluta necessidade ante os fatos experimentais e não pela vontade de um cientista ou de um filósofo. Se a metodologia científica não mudou durante alguns séculos, por outro lado, a *teoria científica* caracteriza-se por sua perpétua mudança. Nunca houve nem haverá uma teoria imutável: cada teoria tem apenas certa área de validade e é necessariamente invalidada por certos dados experimentais. O desconhecido é inesgotável; a

Natureza é inesgotável. Poder-se-ia mesmo afirmar que a grandeza da ciência reside justamente na perpétua mudança das teorias científicas. Para um olhar ingênuo essa mudança pode parecer um malogro. Aqui e acolá ouvem-se vozes que apontam essa mudança como uma prova da fragilidade da ciência, de sua inadequação ao conhecimento. Porém, qual poderia ser o significado de uma "teoria final", inflexível e imutável? Simplesmente a morte do conhecimento. O desejo de uma "teoria final" não passa do produto de uma ilusão.

Outras distinções devem ser feitas antes de abordarmos o problema da relação entre a ciência e a Tradição.

Uma *teoria científica* tem sua própria linguagem, seus próprios métodos, sua própria coerência interna e é mais ou menos formalizada matematicamente. Uma teoria científica chega a certos resultados graças a seu formalismo. A *interpretação* desses resultados no plano ontológico ainda escapa à ciência, pois requer outra linguagem, outros métodos, outra coerência interna. A confusão entre uma teoria científica e sua interpretação no plano ontológico pode levar às piores confusões. A introdução da ontologia na ciência talvez venha a ser a fonte de uma grande revolução científica no futuro; mas por enquanto essa revolução não ocorreu.

Outra confusão perniciosa é a que existe entre ciência e cientificismo. A ciência moderna (ao menos na mente de seus fundadores e também na da maioria dos cientistas contemporâneos) obviamente não tem meios de afirmar-se a única via de acesso ao conhecimento. Sua própria metodologia lhe impõe limites inevitáveis. Por exemplo, a reprodutibilidade dos fatos científicos é uma parte essencial da metodologia da ciência moderna. Porém, a Realidade e nossas próprias vidas também são caracterizadas por eventos singulares, por fatos não passíveis de repetição. A ciência moderna não considera os eventos singulares, de modo que há necessariamente todo um campo da Realidade que lhe escapa por completo. Todavia, apesar de tudo, o *cientificismo* — uma ideologia nascida da ilusão de poder absoluto do homem sobre a Natureza e sobre si mesmo — presume que a ciência e a razão são os únicos meios de acesso ao conhecimento e à verdade: só a ciência, só a razão. Essa ilusão foi produtiva e, apesar de tudo, positiva para determinada época, pois foi responsável por um extraordinário progresso da ciência. Contudo, hoje torna-se um tremendo freio, pois está em oposição ao próprio desenvolvimento da ciência. Se o cientificismo está moribundo, não está completamente morto, embora seu desaparecimento pareça inelutável. Paradoxalmente, o progressivo desaparecimento do cientificismo nas ciências exatas foi acompanhado por seu fortalecimento nas ciências humanas (talvez por tentarem imitar um modelo de ciência ultrapassado: o do século XIX). Esse processo paradoxal explica, ao menos de maneira parcial, a persistência da confusão entre ciência e cientificismo.

Por fim, é preciso distinguir *ciência fundamental* de *tecnologia*. Aos olhos do grande público (mas também de certos filósofos, sociólogos e políticos) os foguetes interplanetários, a bomba atômica e o scanner *são* a ciência fundamental, enquanto não passam de resultados dela. A tecnologia é a filha bastarda da ciência fundamental: tem um pé no conhecimento e um pé em outra parte. É verdade que em nossos dias a demarcação entre a ciência fundamental e a tecnologia é cada vez mais difícil de ser estabelecida, na medida em que a primeira é chamada a resolver problemas tecnológicos. Todavia, trata-se de um fenômeno restrito e parcial. A ciência fundamental continua, de maneira global, associada à confrontação com o desconhecido, sem nenhuma finalidade precisa.

Essa longa digressão sobre os termos "ciência" e "Tradição" era inevitável se queremos abordar com rigor o problema da relação entre as duas áreas do conhecimento designadas por elas.

b. Ciência e Tradição: distância intransponível ou interação?

À primeira vista uma distância intransponível parece separar ciência e Tradição.

Em nosso livro, *Nous, la particule et le monde*, analisamos longamente as diferenças entre ciência e Tradição. Lembremos aqui algumas delas: "O conhecimento tradicional está baseado na revelação, na contemplação, na percepção direta da Realidade. No outro pólo, o conhecimento científico (...) está baseado na compreensão da Realidade através da mente, através de construções lógicas e matemáticas (...) A pesquisa tradicional dá grande importância ao corpo, à sensação, aos sentimentos, à fé, enquanto a pesquisa científica exclui do campo de observação e da formulação de 'leis' o corpo do próprio pesquisador, suas sensações, seus sentimentos, sua fé (...) O pensamento tradicional sempre afirmou que a Realidade não está ligada ao espaço-tempo: ela *é* (...) No outro pólo, o pesquisador científico é obrigado a postular a existência de uma realidade 'objetiva', separada, independente de toda observação ou medida e que é forçosamente definida no espaço e no tempo (...) A pesquisa tradicional reivindica o direito a uma experiência incomunicável pela linguagem natural. A experiência tradicional é única, total, e ultrapassa em muito as categorias lógicas ordinárias. Por outro lado, a experiência científica é comunicável e pode ser repetida (...) O conhecimento tradicional reivindica *(...) o direito à ineficácia* no plano da materialidade espaço-temporal, no plano da materialidade diretamente observável (...) Por outro lado, a ciência interessa-se essencialmente pelo 'corpo exterior', pela máxima eficácia no plano da materialidade direta".[8]

O fato de o conhecimento tradicional e o conhecimento científico poderem estar presentes num único sujeito, de modo algum demonstra a existência de alguma ponte entre ciência e Tradição. Por exemplo, pode-se ser praticante da cabala e brilhante biólogo e, ao mesmo tempo, recusar-se a reconhecer qualquer vínculo entre a cabala e a biologia. Ou é possível ser um cristão fervoroso e grande especialista em física quântica e recusar-se a admitir qualquer relação entre a religião e a física.

O ensinamento de Jacob Boehme, com sua teoria da dupla natureza da Natureza, fornece-nos a possibilidade de uma rigorosa aproximação dessa questão tão debatida da relação entre ciência e Tradição. Ao mesmo tempo, essa aproximação abre-nos perspectivas surpreendentes, e estou convencido de que estimularão desenvolvimentos completamente inesperados nas mais diversas áreas da nossa vida contemporânea.

Se aceitamos a idéia da ação de uma dinâmica setenária em cada processo da Realidade, somos conduzidos de maneira inexorável à conclusão de que a ciência fundamental, tal qual praticada hoje, só diz respeito às *três primeiras qualidades* do ciclo setenário. Em outras palavras, *a ciência moderna está firmemente atada à "roda da angústia"*.

As três primeiras qualidades do ciclo setenário são *as mais próximas* da fonte mágica da Realidade; mas, ao mesmo tempo, são *as mais distantes* da realização, da conclusão do ciclo setenário.

A abordagem que propomos permite-nos trazer à luz tanto a diferença capital entre ciência e Tradição quanto seu parentesco igualmente capital.

É a própria metodologia da ciência moderna que a situa na primeira tríade do ciclo setenário, na qual se desenrola todo o destino do drama cósmico: no desejo desenfreado de manifestação, na tumultuada dinâmica daquilo que quer sair para a alegria, para o amor, para a realização espiritual. A ciência moderna é como uma sonda extremamente fina e rigorosa que nos permite lançar um olhar para essa "roda da angústia"; porém, ao mesmo tempo, é a metodologia científica — condição fundamental do sucesso e da eficácia da ciência — que limita o alcance dessa sonda. Vemos assim a causa profunda (talvez inconsciente) do desejo de eliminar o sujeito das ciências da Natureza, desejo esse que guiou os passos dos fundadores da ciência moderna. A ciência pôde efetuar seus fulminantes avanços ao custo da separação entre o sujeito e a Natureza, abordada como objeto de estudo. Há aí uma diferença capital entre a ciência e a Tradição, pois, através de diferentes linguagens, esta última sempre ressaltou a unidade de tudo o que existe; unidade na diversidade, é verdade, mas que não pode excluir a alegria, o amor, o desenvolvimento espiritual, o ser humano e todos os cosmos. À luz da filosofia de Jacob Boehme, podemos dizer que a Tradição concerne à totalidade do ciclo setenário e à interação de todos os ciclos setenários em ação nos diversos cosmos.

Podemos então compreender em profundidade a origem do *cientificismo* e seu alcance metafísico. O cientificismo consiste na absolutização da primeira tríade do ciclo setenário, erigida como única realidade. A própria existência das outras quatro qualidades do ciclo setenário é negada; como conseqüência disso, a interação dos diversos ciclos setenários também é reduzida a nada. Afirma-se, portanto, a existência de um único nível de realidade, um nível horizontal contrário à toda verticalidade. Assim, a verticalidade exaltada pelo cientificismo é uma falsa verticalidade, simples ilusão de ótica, pois o movimento só pode dar-se numa única dimensão: a da "roda da angústia". A "roda da angústia" deixa de ser então uma etapa do movimento para *ser* o próprio movimento, tornando-se a "roda da angústia" no sentido pleno do termo. Tudo gira em círculo — o que poderia ser uma boa definição de inferno —; tudo torna-se justificável: o totalitarismo, a violência, a destruição do outro em nome de bons princípios; e, no final, só há um caminho: a autodestruição. O cientificismo não é uma ideologia; é, na verdade, uma religião, uma religião sem Deus. O cientificismo, com todas as suas ramificações filosóficas e sociológicas, repete, sem o saber, o ato de Lúcifer, que, olhando para trás, para a fonte mágica da Realidade, quis dela apoderar-se, ignorando que esse ato significava a perda de si mesmo.

Também podemos compreender toda a confusão que domina certos pensadores tradicionais contemporâneos, que negam — sempre, é claro, por meio de linguagens diferentes — a existência das três primeiras qualidades do ciclo setenário. Essa corrente de pensamento é a exata imagem em espelho do cientificismo, mesmo quando se apresenta como adversário encarniçado deste; confunde a parte com o todo, cometendo exatamente o mesmo erro que o cientificismo. O valor da ciência é completamente negado; ela é lançada nas trevas exteriores, constituídas de uma "matéria" impura e morta, e totalmente desconectadas da alma, do espírito, do sagrado, do divino. Essa atitude aparentemente angélica acaba recaindo, por fim, no mesmo ato luciferiano: a perpetuação da "roda da angústia".

Há, além disso, uma atitude intermediária entre a dos militantes cientificistas e a dos militantes tradicionalistas. Trata-se daqueles que vêem o "espírito" em toda parte, nas partículas, nos genes, nos planetas e nas estrelas. Nestes, o ciclo setenário não é negado, porém, na verdade, é reduzido a uma única qualidade: eles vêem assim a alegria, o amor, a alma, o espírito, e sabe lá o que mais, vagar por toda parte, numa confusão talvez simpática e tranqüilizadora, mas que pode gerar todo tipo possível de desvios.

A diferença capital entre ciência e Tradição impediria então qualquer ponte entre essas duas áreas do conhecimento?

Uma primeira resposta, ainda estritamente especulativa, é fornecida pela abordagem que aqui propomos. Se a ciência está situada na primeira tríade do ciclo setenário e a Tradição concerne à totalidade deste, a relação é evidente: ciência e Tradição não têm *sentido* uma sem a outra. Reduzir o ciclo setenário à sua primeira tríade conduz à cessação do movimento, à uma realidade autodestrutiva. Por outro lado, privar o ciclo setenário do *conhecimento* da primeira tríade torna a continuação do movimento, da verdadeira realização do ciclo, impossível.

Todavia, a resposta que acabamos de esboçar seria especulativa, desencarnada, se não estivesse fundada no desenvolvimento concreto da ciência.

Queremos abordar aqui apenas alguns fatos maiores; pois a análise detalhada, como já ressaltamos, só pode ser empreendida por uma pesquisa transdisciplinar. Não é preciso dizer que em nossa abordagem não iremos interrogar as *teorias* científicas em seus aspectos formais ou matemáticos, pois, por definição, estes são mudos no plano ontológico. Os pontos de contato entre a ciência e a Tradição só podem ser encontrados nos axiomas fundamentais da primeira ou nos resultados mais gerais por ela obtidos. Em outras palavras, interrogaremos a *interpretação* das teorias científicas, a qual, aliás, se torna cada vez mais inseparável da própria teoria científica.

A emergência da física quântica neste século, com a descoberta de um nível de realidade diferente do macrofísico, constitui um desses fatos maiores cujas conseqüências em todos os planos de nossa vida ainda não foram completamente exploradas. Na abordagem boehmiana, isto implica uma *interação* entre ciclos setenários situados em diferentes níveis de realidade, uma interação que se dá através da relação entre as primeiras tríades de diferentes níveis de realidade. Mesmo se há ruptura entre o nível quântico e o nível macrofísico, devido às diferentes leis que os regem, há ao mesmo tempo continuidade: um não pode existir sem o outro. A prova: nossa própria existência e a existência do nosso Universo. A descoberta de um nível de realidade diferente do nosso coloca a nós mesmos em jogo; somos obrigatoriamente nós mesmos que teremos de fazer a *tradução* de um nível de realidade a outro. Um sentido de *verticalidade* esboça-se assim ao nível da linguagem, senão ao da compreensão. Ao mesmo tempo, surge uma *orientação* do movimento que se estende do nível quântico ao nível macrofísico. Nosso mundo visível macrofísico está edificado sobre o mundo quântico. Em certo sentido, nosso mundo aparece então como o invisível tornado visível.

A lógica que rege o mundo quântico é diferente da que rege nosso próprio mundo. Toda a obra de Lupasco testemunha a riqueza dessa lógica do contraditório em suas implicações filosóficas. Porém, o que nos interessa aqui é o parentesco entre a lógica quântica e o pensamento tradicional. No mundo quântico, os *thêmata*, enquanto alternativas dos contraditórios, aparecem como ultrapassados, substituídos por uma verdadeira *unidade dos contraditórios*: não contínuo *ou* descontínuo, mas contínuo *e* descontínuo, não simplicidade *ou* complexidade, mas simplicidade *e* complexidade, não unidade *ou* estrutura hierárquica, mas unidade *e* estrutura hierárquica, não constância *ou* mudança, mas constância *e* mudança. A entidade quântica é ao mesmo tempo contínua e descontínua. As interações físicas aparecem ao mesmo tempo como unificadas e estruturadas hirarquicamente, conforme a escala de energia em que são exploradas. O mundo quântico aparece ao mesmo tempo como simples (devido às poucas leis fundamentais que asseguram a unidade das interações) e extremamente complexo (devido à infinita variedade dos fenômenos nas diversas escalas de energia). As entidades quânticas requerem ao mesmo tempo simetria e quebra dessa simetria. Os *thêmata* aparecem assim, quando muito, como facetas de um símbolo. Falamos noutro lugar[9] sobre algumas idéias-símbolo da física moderna. A aproximação entre o pensamento científico contemporâneo e o pensamento simbólico tradicional é um encontro maior que, a nosso ver, é o signo de um encontro ainda mais importante: o do mundo explorado pela Tradição com o mundo explorado pela ciência. O que a Tradição descobre na riqueza da vida interior, a ciência descobre, por isomorfismo, na corporeidade dos sistemas naturais.

Seria a unificação de todas as interações físicas o signo isomórfico de uma unificação ainda mais profunda, da qual nos fala a Tradição? Seria a fascinante coerência entre o infinitamente pequeno e o infinitamente grande o signo isomórfico de uma coerência ainda mais profunda, a de todos os níveis de realidade descritos pela Tradição? — Questões vertiginosas às quais seria prematuro esboçar uma resposta, mas cuja formulação é inevitável.

Por fim, por que a unificação de todas as interações físicas requer um espaço-tempo multidimencional tão diferente do nosso? O que significa o *enrolamento* extremamente rápido de dimensões suplementares numa região infinitesimal do espaço? É grande a tentação de caracterizar os diversos níveis de realidade de que nos fala a Tradição por um espaço-tempo de dimensões cada vez mais numerosas (vive Deus num espaço-tempo de infinitas dimensões?). Mas não darei este passo, pois parece-me conduzir a uma simplificação abusiva, de extrema pobreza intelectual e espiritual, contrária ao ensinamento da Tradição. Essa tentação, por mais fascinante que seja, tem como fonte e origem o mesmo erro que ressaltamos anteriormente: a redução do ciclo setenário à sua primeira tríade. Em que espaço-tempo se situa o amor? — Questão absurda que, paradoxalmente, não é apanágio apenas dos cientistas.

Num célebre livro escrito há um século, Edwin Abbott[10] descreveu a aventura de um ser bidimensional que é tirado de seu mundo por um ser tridimensional. Maravilhado com a descoberta de um mundo infinitamente mais rico que o seu, ele pensa que o ser tridimensional é um deus. No entanto, aos poucos ele se dá conta de que nesse mundo maravilhoso há, como em seu próprio mundo, criminosos e sábios, poetas e vagabundos, bons e maus. Eles são deuses? É certo que não. Porém, essa conclusão não impede nosso ser bidimensional de retornar a seu mundo e proclamar, arriscando sua própria vida, que há outros mundos, outras realidades.

Segundo a abordagem que propomos, baseada na obra de Jacob Boehme, o valor do diálogo entre a ciência moderna e a Tradição não se situa na identificação abusiva entre os resultados da ciência e certas afirmações do pensamento tradicional. Depois de um interessante colóquio na Sainte Baume sobre o tema da "Aliança", André Chouraqui escreveu-me: "...sem a transcendência da unidade e do amor, o Universo seria incompreensível; no entanto a cada dia ele se torna incompreensivelmente mais compreensível".[11] A Tradição nutre-se da ciência, do tempo, da história, enquanto que a ciência adquire todo o seu sentido (e em particular seu sentido de *valores*) através de sua interação com a Tradição.

Bibliografia e notas

1. Ver, por exemplo, *Le Petit Robert*, dicionário alfabético e analógico da língua francesa, por Paul Robert, Paris, ed. S.N.L., 1970, p. 1810.
2. Antoine Faivre, *Accès de l'ésotérisme occidental*, ed. Gallimard, Bibliothèque des Sciences Humaines, 1980, cap. "Définittions et positions, p. 13-50.
3. *Ibid.*, p. 34.
4. *Ibid.*, p. 36.
5. *Ibid.*, p. 38.
6. Gerald Holton, *L'imagination scientifique*, ed. Gallimard, 1981; *Thematic Origin of Scientific Thought*: *Kepler to Einstein*, Harvard University Press, U.S.A., 1973; *The Scientific Imagination*: Case studies, Cambridge University Press, U.S.A., 1978.
7. Gerald Holton, *Les Thêmata dans la pensée scientifique*, em *L'imagination scientifique*, *op. cit.*, p. 30.
8. Basarab Nicolescu, *Nous, la particule et le monde,* ed. Le Mail, 1985, p. 159-161.
9. Basarab Nicolescu, *Nous, la particule et le monde, op. cit.*
10. Edwin A. Abbott, *Flatland*, New American Library, New York, U.S.A., 1984.
11. André Chouraqui, carta endereçada a Basarab Nicolescu, Jérusalem, 7 de julho de 1987.

Frontispício do *Caminho para ir a Cristo*, 1622

CAPÍTULO VI

Jacob Boehme e a evolução do homem

a. O ato luciferiano: ressonâncias contemporâneas

É bem conhecido o fato de que a doutrina boehmiana do bem e do mal é uma das partes mais importantes de sua obra. Seria presunçoso de nossa parte analisá-la aqui depois de tantos estudos eruditos já concluídos e consagrados. Limitamo-nos aos aspectos vinculados à formação de uma futura Filosofia da Natureza adequada à nossa época.

Como ressaltamos muitas vezes, o pensamento de Jacob Boehme está baseado na lógica do contraditório, sendo *a unidade dos contraditórios* uma de suas idéias essenciais. Deus mesmo é a encarnação dessa unidade dos contraditórios: "Pois o Deus do mundo santo e o Deus do mundo tenebroso não são dois deuses: há um único Deus; ele mesmo é todo o Ser, essência e substância; ele é o bem e o mal, o céu e o inferno, a luz e as trevas, a eternidade e o tempo, o início e o fim".[1]

Na verdade, a unidade de todos os ciclos setenários está além do bem e do mal. O bem e o mal aparecem quando há disfunção de um ciclo setenário ou da interação dos diversos ciclos setenários. Assim a definição de "mal" é de uma grande clareza lógica: o mal é tudo o que se opõe ao desenvolvimento de um ciclo setenário ou à interação dos diversos ciclos. Em outras palavras, *o mal é tudo o que se opõe ao nascimento de Deus*. A absolutização de uma ou de várias qualidades do ciclo setenário, a interrupção, ou ainda a mudança de orientação do desenrolar de um ciclo setenário, são signos indubitáveis do mal.

O mal tem um *lado positivo*, na medida em que é uma *resistência* ao desenvolvimento do ciclo setenário, uma resistência que condiciona o movimento. Sem essa resistência tudo seria devorado pelo fogo incomparável da fonte mágica da Realidade. Ele é uma proteção contra esse fogo devorador. É por isso que "nada há na natureza que não tenha em seu interior a qualidade boa e a qualidade má; tudo se move e vive nesse duplo impulso".[2] O bem e o mal aparecem como duas qualidades "unidas uma à outra, constituindo uma só coisa, e isso em todos os pontos deste Universo: nas estrelas, elementos e em todas as criaturas...".[3] Mesmo "o reino de Deus e o reino do inferno estão ligados um ao outro de modo a constituir um só corpo, e contudo um não pode apreender o outro".[4] O "inferno" é a primeira tríade do ciclo setenário: respeitada sua função, que, na linguagem de Boehme, é a de ser "a chama da cólera", o movimento pode prosseguir, pois "a chama da cólera é a revelação do grande amor".[5] A cólera é "a raiz da vida", porém, "sem luz, ela não é Deus, mas fogo infernal".[6]

O mal metamorfoseia-se em catástrofe ontológica quando muda de função: a resistência transforma-se em oposição absoluta ao desenvolvimento do ciclo setenário e à interação dos diversos ciclos. A ordem do mundo é transtornada. A harmonia torna-se caos e a interação construtiva é substituída por um movimento anárquico autodestrutivo. O "inferno" torna-se própria e verdadeiramente infernal: a primeira tríade volta-se sobre si mesma no mundo das trevas, fechando-se a qualquer penetração da luz.

Portanto o mal é uma qualidade ontológica que não é positiva nem negativa. Contudo, quando muda de função, equivale a uma catástrofe ontológica. Em nosso nível de realidade, a liberdade do homem tem esse preço, o de uma difícil e sofrida escolha, onde a vontade do homem tem um papel crucial.

A catástrofe ontológica do mal é simbolizada de maneira magnífica pela queda de Lúcifer, que ocupa um lugar bastante significativo na obra de Jacob Boehme. "Lúcifer — escreve Pierre Deghaye — nasceu como um ser de luz. Ele é o fruto da emanação sétupla que começa nas trevas e termina na luz. Seu *retrocesso* inverte o curso desse processo... A violência feita à natureza destrói a manifestação divina. Ela aborta o nascimento de Deus. É uma violência *deicida*".[7]

No fundo, qual foi o crime de Lúcifer? Foi olhar para trás, para a fonte mágica da realidade. "Mas ele foi um insensato, pois aquele lugar (*locus*) não podia subsistir em Deus em sua qualidade ardente. Foi dali que resultou a criação deste mundo."[8]

Com esse olhar para trás, Lúcifer reverte a orientação do ciclo setenário. Essa mudança de orientação não é inocente, pois cada qualidade do ciclo setenário transforma-se em seu próprio oposto. Lúcifer é *o criador de um setenário invertido* que engendra "a casa das trevas", a casa da morte. N'*A Aurora Nascente*, Jacob Boehme nos dá uma descrição impressionante desse setenário invertido: "Lá só há lamentos, dores, urros e gritos, e nenhuma libertação. É como se houvesse dentro deles um contínuo trovão e uma perpétua tempestade, pois é assim que os abrasados espíritos divinos se engendram (...) O fogo arde como furioso enxofre (...) O amor é inimizade (...) O som é mero ruído (...) A região de todo o corpo é a morada da tristeza; o alimento é a abominação, e a cólera brota de todas as qualidades".[9] No mundo desse setenário invertido, no mundo em que o rei Lúcifer se tornou Satanás, *é a morte que vive.*

A conclusão desse setenário invertido é a primeira tríade: a da cólera de Deus, que Boehme denomina "a geração mais exterior",[10] a da roda da angústia, a do "fogo natural que é um sofrimento e uma dor devoradora".[11]

A idéia do perigo de olhar para trás percorre os textos de todos os tempos. A esposa de Ló, sobrinho de Abraão, é transformada em estátua de sal por ter olhado para trás durante a destruição de Sodoma. Orfeu desce aos infernos para buscar Eurídice, mas, não respeitando sua promessa, volta-se para olhar para ela e imediatamente Eurídice desaparece nas trevas.

Olhemos ao nosso redor, em nosso próprio mundo de hoje, e ousemos colocar-nos esta pergunta: Estamos a caminho de repetir o ato luciferino, o do olhar para trás? Estamos a caminho de nos encerrarmos para sempre na roda da angústia? Um filósofo da estatura de Michel Henry não teme escrever: "... é a própria vida que está ferida; são todos os seus valores que cambaleiam, não apenas o estético, mas também o ético, o sacro — e com eles a possibilidade de viver cada dia".[12]

Nosso mundo contemporâneo, visto através da abordagem boehmiana, situa-se claramente na primeira tríade do ciclo setenário.

Não é por acaso que a ciência é a linguagem dominante da época: como já o dissemos, ela explora precisamente essa primeira tríade.

Não é por acaso que o homem alcançou, pela primeira vez na história, os meios para a total e completa destruição da própria espécie. "Vês também — escreve Jacob Boehme num texto profético — como a cólera de Deus repousa e permanece oculta na geração mais exterior da natureza, e não pode ser despertada senão pelos próprios homens, *qualificando-se* [ou mesclando-se] com a cólera, mediante sua geração carnal, na geração mais exterior da natureza".[13] Pois bem, o homem conseguiu precisamente despertar uma energia fabulosa oculta nas profundezas da Natureza, uma energia capaz de abrasar a terra inteira.

Não é por acaso que, pela primeira vez na história, o homem tenha alcançado os meios de modificar a si mesmo através da alteração de seu código genético. Também aí estamos muito perto da fonte mágica da Realidade, com todo o perigo de autodestruição que ela comporta.

Não é por acaso que este século viu a deflagração de guerras cada vez mais monstruosas, nessa loucura coletiva que representa o processo de mútua destruição dos homens. Não é por acaso que assistimos, cada vez mais apáticos, à instauração da violência em nossa vida cotidiana. Não é por acaso que nosso século viu nascer, em nome dos bons princípios, todo tipo de totalitarismos que destroem o próprio ser de povos inteiros. À questão tão velha quanto o mundo: "Por que os filhos das trevas são mais espertos que os da luz?", Jacob Boehme dá-nos a seguinte resposta, ao mesmo tempo simples e lógica: "Por quê? Porque a raiz mágica da origem de todos os seres manifesta-se neles".[14]

Nosso mundo está de fato na roda da angústia, na primeira tríade do ciclo setenário. Todavia, essa primeira tríade *ainda* não se fechou sobre si mesma. Estamos num ponto de bifurcação entre a autodestruição e a evolução. A primeira tríade, a roda da angústia, é apenas uma etapa de nossa própria evolução.

b. O homem, a humanidade e o ciclo setenário

A idéia de uma evolução possível do homem para além de todo aspecto físico e biológico domina todo o pensamento de Jacob Boehme. Seria necessário escrever um livro inteiro consagrado exclusivamente a essa idéia, mas aqui só podemos tentar fornecer alguns esclarecimentos sobre ela relacionados ao tema que nos interessa — o de uma nova Filosofia da Natureza.

Na perspectiva boehmiana, a evolução é indissociável da realização do ciclo setenário, na *orientação* que lhe é naturalmente associada: indo de sua primeira qualidade em direção à sua última qualidade. Em particular, essa evolução não pode dar-se sem *o salto descontínuo* da primeira tríade às outras quatro qualidades do ciclo setenário (ver cap. III). Ora, há uma diferença fundamental entre essas duas partes do ciclo setenário separadas pela fronteira da descontinuidade: as qualidades da roda da angústia escapam à vontade do homem (elas põem em jogo as potências que condicionam a passagem à manifestação), enquanto as outras quatro requerem a participação do homem, de sua vontade, de sua consciência. Na perspectiva boehmiana, *a evolução do homem é a evolução de sua consciência*.

Para Boehme, "... o homem natural (...) está entre duas portas",[15] ele é um "homem duplo".[16] Por um lado, a roda da angústia está em ação nele, faz parte de sua constituição enquanto sistema natural. Se o homem se encerra nessa roda da angústia, ele é um morto-vivo, "está morto na morte e aprisionado na geração [ou princípio] mais exterior, na tangibilidade morta".[17] Por outro lado, ele pode evoluir em direção ao mundo de luz: "Pois se a luz está nele, então ele é engendrado em todos os três princípios. Sem isso ele é apenas uma centelha e não o grande manancial, que é Deus".[18]

Portanto pode-se afirmar que a primeira tríade do ciclo setenário corresponde ao corpo do homem em todos os seus aspectos psicoquímicos, e que a primeira descontinuidade o introduz no mundo da vida, onde ele pode começar de fato sua auto-evolução.

Essa visão de uma possível auto-evolução não está necessariamente em contradição com as teorias da evolução da ciência moderna. Apesar de tudo, a ciência reconhece que a evolução física das espécies vivas que conduzem ao homem provavelmente está completa, terminada. Podemos então concluir que se a evolução prossegue só poderá ser num outro plano: o da cultura, da consciência, ou da humanidade enquanto a totalidade dos homens.

Para Boehme, a evolução consciente do homem é um processo difícil, baseado na auto-observação, na atenção, num grande trabalho: "... e o homem não pode provar-se melhor senão observando seriamente para onde seu desejo o impele... Mas é preciso que esteja atento, pois tem de subjugar o espírito das estrelas que nele é dominante... Pois para subjugar o espírito das estrelas, não é preciso sabedoria nem arte, mas sobriedade de vida, e escapar continuamente às influências astrais. Os elementos sempre introduzem o desejo das estrelas em sua vontade, por isso não é tão fácil tornar-se filho de Deus; isso requer grande trabalho e suportar muitas fadigas".[19]

"O espírito das estrelas" impele incessantemente o homem para a roda da angústia. Esse "espírito das estrelas" levou à criação do mundo visível: da Terra, das estrelas, das galáxias. Ele está próximo da fonte mágica da Criação, do fogo devorador. Desembaraçar-se da influência desse "espírito das estrelas" significa restabelecer a orientação do ciclo setenário que conduz ao corpo de luz. Por isso, paradoxalmente, o maravilhamento e a fascinação pelo mundo visível são, quando absolutizados, de grande perversidade, pois invertem o curso do ciclo setenário e transformam a evolução em involução.

"O espírito das estrelas" leva o homem a acreditar na onipotência do "corpo exterior"; contudo, "o corpo exterior não tem poder algum para mover o mundo de luz; ele apenas se introduziu no mundo de luz, fazendo que esta se extinguisse no homem. Nele permaneceu somente o mundo tenebroso; mas o mundo de luz permanece imóvel nele: está como que oculto nele".[20]

Como Deus morre para nascer, o homem deve morrer *nesta vida* para nascer. Sua vida comporta, pois, dois nascimentos: o nascimento biológico e um autonascimento, um auto-engendramento. Esse novo nascimento é *um nascimento do alto*, pois pressupõe a realização do ciclo setenário. O novo nascimento implica *a morte para si mesmo*, um processo singular, misterioso, que se dá no segredo da vida interior. A segunda tríade do ciclo setenário é uma preparação para esse novo nascimento, que ocorre apenas no momento da segunda descontinuidade do ciclo setenário, quando "o relâmpago se eleva da fonte do coração à sensibilização do cérebro, na qual o espírito contempla".[21] E, por fim, a terceira tríade do ciclo setenário, durante o curso da qual "a alma se alimenta de Deus",[22] leva à constituição do novo corpo.

A responsabilidade do homem é imensa, pois, na perspectiva boehmiana, a não realização de seu ciclo setenário conduz a uma catástrofe cósmica: ao desaparecimento do Universo inteiro da criação no caos. Por isso Boehme nos diz: "busca a pérola, ela é muito mais nobre que este mundo".[23] Nossas menores ações ou pensamentos têm uma dimensão cósmica: "o que semeias ou edificas em espírito, seja com palavras, obras ou pensamentos, virá a ser tua eterna morada".[24]

É preciso distinguir com clareza a evolução individual do homem da evolução da humanidade. A humanidade, enquanto reunião de *todos* os homens, submete-se a outras leis que o próprio homem. Seu ciclo setenário é *diferente* daquele do homem.

Esses dois ciclos setenários estão, é verdade, em perpétua interação; um não pode desenvolver-se sem o outro. Tentemos imaginar por um instante a terra habitada por um *único* ser humano. O absurdo dessa situação é evidente. O homem individual define-se pela interação com os outros homens.

Contudo, também há uma dessimetria entre esses dois ciclos setenários no que diz respeito ao *ritmo* de seu desenvolvimento. Se a cosmologia de Boehme é verdadeira, os fundadores das grandes religiões, os grandes místicos, os grandes poetas e também uma multidão de anônimos cujos nomes jamais serão conhecidos provavelmente completaram seu ciclo setenário durante sua vida, tão curta se comparada à idade de nosso Universo ou ao período de tempo transcorrido desde o aparecimento do homem na Terra. O ritmo do desenvolvimento do ciclo setenário da humanidade *é muito mais lento* do que o do indivíduo, correspondendo aos ritmos cósmicos que regem a formação dos planetas, das galáxias, enfim do Universo.

Seria absurda, um produto de uma simples especulação sem fundamento, a hipótese de um ciclo setenário da humanidade, com a idéia subjacente de uma *unidade* da humanidade? A abordagem mais rigorosa dessa questão é, para mim, aquela fornecida pela pesquisa contemporânea da história das crenças e idéias religiosas, cujo mestre incontestável é Mircea Eliade.[25] O que chama atenção na obra de Mircea Eliade é, em primeiro lugar, sua descoberta, fundamentada na metodologia científica, de um motor oculto do crescimento espiritual da humanidade através das surpreendentes convergências das diversas civilizações, apesar de sua separação no espaço ou no tempo. "O que me parece totalmente impossível — escreve Mircea Eliade — é imaginar como a mente humana poderia funcionar sem a convicção de que há algo de irredutivelmente *real* no mundo (...) A consciência de um mundo real e significativo está intimamente ligada à descoberta do sagrado (...) o sagrado não é um estágio na história da consciência, mas um elemento estrutural dessa consciência".[26]

Se tomamos a sério a hipótese de um ciclo setenário que rege a evolução da humanidade — essa película pensante da Terra —, um primeiro signo da justeza dessa hipótese seria o surgimento de uma civilização planetária na qual toda a violência do homem contra o homem, de nação contra nação, seria completamente abolida. É evidente que estamos muito longe de uma situação como essa, ainda que alguns fatos, ainda tímidos e ambíguos, pareçam apontar nessa direção. A ciência já é uma linguagem planetária. O vertiginoso desenvolvimento da informática estabelece uma comunicação entre todos os pontos da Terra, com a criação de uma espécie de cérebro planetário. A interação no plano da economia de todas as nações torna-se cada vez mais evidente. De maneira paradoxal, mesmo a ameaça da destruição total de nossa própria espécie parece-me trazer uma mensagem positiva: a humanidade tem de evoluir ou desaparecer.

Porém, em que ponto do desenvolvimento de seu ciclo setenário está a humanidade? Todas as idéias que esboçamos neste capítulo levam-nos à conclusão de que estamos na primeira tríade do ciclo setenário, na roda da angústia; e, para sermos mais precisos ainda, na fronteira da segunda tríade. Uma primeira descontinuidade tem de ocorrer para assegurar a passagem da humanidade para *a vida*, do contrário sossobraremos no ciclo autodestrutivo da roda da angústia.

Nossa conclusão pode chocar a muitos que, embora aceitando a idéia de uma evolução da humanidade (coisa que já é rara), estão convencidos de que nos encontramos numa etapa muito mais avançada que a da roda da angústia. Porém, apesar de tudo, a humanidade é muito jovem; sua existência abarca um ínfimo período da História do Universo. Imaginemos um livro onde cada linha abarca a história de mil anos, cada página tendo 40 linhas. Assim, a História do Universo formaria uma biblioteca de mil volumes de 375 páginas cada. A História da Humanidade cobriria apenas as últimas 50 páginas do milésimo tomo da História do Universo. É compreensível que a humanidade esteja bem no começo de sua auto-evolução, da possibilidade de seu auto-engendramento que conduza à constituição de seu próprio *corpo*.

A meu ver, o acontecimento capital que parece dominar este século é a ciência fundamental ter descoberto, por seus próprios meios, os limites nos quais pode começar o diálogo com a sabedoria de todos os tempos e as outras formas do conhecimento. Essas outras formas do conhecimento — a arte, a Tradição, ou as ciências humanas — dizem respeito a uma ou outra das quatro últimas qualidades do ciclo setenário. Todavia, paradoxalmente, hoje é a ciência moderna, imersa no estudo da roda da angústia — a natureza dita “exterior” —, que pede a superação da roda da angústia em nossa própria evolução; mas isso não pode ser efetuado por ela. É o diálogo transdisciplinar entre todas as formas de conhecimento que poderá ajudar-nos a efetuar essa superação. Sem conduzir a um novo cientificismo, este diálogo deverá, contudo, tomar como ponto de partida as descobertas contemporâneas da ciência fundamental, permitindo que se encontre, *entre* as diversas formas de conhecimento, o que não pertence de fato *nem* a uma *nem* a outra forma, mas que *circula* entre as diversas disciplinas, respeitando sua autonomia. Isso contribuirá então para a instauração, a longo prazo, de um verdadeiro diálogo planetário, que é a condição de nossa auto-evolução.

Bibliografia e notas

1. Jacob Boehme, *Mysterium Magnum*, trad. de Nicolas Berdiaeff, ed. d'Audjourd'hui, 1978, vol. I, p. 101.
2. Jacob Boehme, *L'Aurore naissante*, trad. do Filósofo desconhecido, ed. Arché, Milão, 1977, p. 58.
3. *Ibid.*, p. 49.
4. *Ibid.*, p. 366.
5. Jacob Boehme, *Mysterium Magnum*, *op. cit.*, vol. I, p. 102.
6. Jacob Boehme, *Des Trois Principes de l'essence divine*, trad. de Louis Claude de Saint-Martin — o Filósofo desconhecido, ed. d'Aujourd'hui, 1985, vol. II, p. 335.
7. Pierre Deghaye, *La Naissance de Dieu ou La doctrine de Jakob Boehme*, ed. Albin Michel, coleção *Spiritualités Vivantes*, 1985, p. 156.
8. Jacob Boehme, *L'Aurore naissante*, *op. cit.*, p. 87.
9. *Ibid.*, p. 164 e 165.
10. *Ibid.*, p. 316.
11. Jacob Boehme, *Mysterium Magnum*, *op. cit.*, vol. I, p. 69.
12. Michel Henry, La Barbarie, ed. Grasset, 1987, p. 9.
13. Jacob Boehme, *L'Aurore naissante*, *op. cit.*, p. 328.

14. Jacob Boehme, *Mysterium Magnum*, *op. cit.*, vol. I, p. 108.
15. Jacob Boehme, *Des Trois Principes de l'essence divine*, *op. cit.*, vol. I, p. 84.
16. *Ibid.*, p. 85.
17. Jacob Boehme, *L'Aurore naissante*, *op. cit.*, p. 375.
18. Jacob Boehme, *Des Trois Principes de l'essence divine*, *op. cit.*, vol. I, p. 85.
19. Jacob Boehme, *De la base sublime et profonde des six points théosophiques*, trad. Louis Claude de Saint-Martin, em *Jakob Boehme*, ed. Albin Michel, coleção Cahiers de l'Hermétisme, 1977, p. 197 e 198.
20. *Ibid.*, p. 134.
21. Jacob Boehme, *L'Aurore naissante*, *op. cit.*, p. 181.
22. Jacob Boehme, *Des Trois Principes de l'essence divine*, *op. cit.*, vol. I, p. 153.
23. *Ibid.*, vol. I, p. 145.
24. Jacob Boehme, *L'Aurore naissante*, *op. cit.*, p. 298.
25. Seria necessário ler toda a obra de Eliade para captar plenamente o sentido de nossa afirmação. Contudo, uma primeira abordagem pode ser feita pela leitura de suas seguintes obras: *Histoire des croyances et des idées religieuses*, tomo 1: *De l'âge de la pierre aux mystères d'Eleusis*, ed. Payot, 1976; tomo 2: *De Gautama Bouddha au triomphe du christianisme*, ed. Payot, 1978; tomo 3: *De Mahomet à l'âge des réformes*, ed. Payot, 1983.
26. Mircea Eliade, *L'Épreuve du labyrinthe*, Conversations avec Claude-Henri Rocquet, ed. Belfond, 1978, p. 175 e 176.

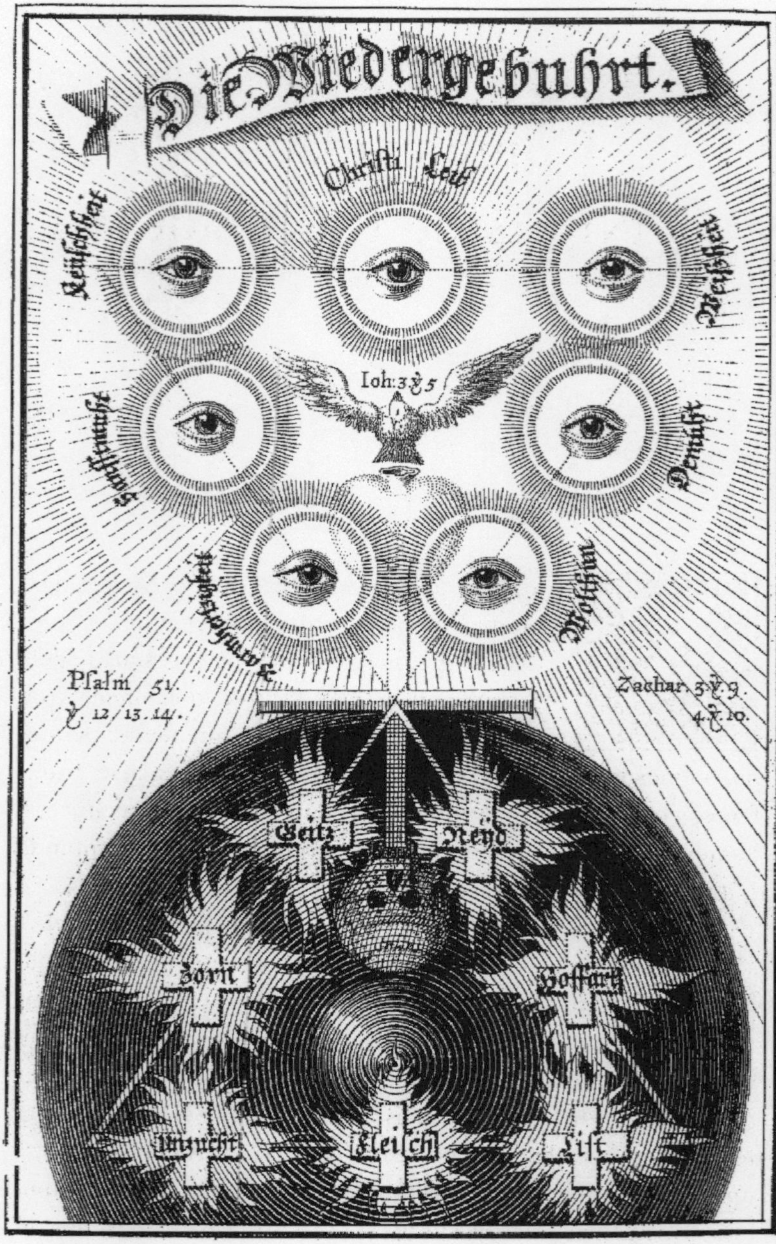

Frontispício de *Sobre a Regeneração ou Novo Nascimento*, 1622

CAPÍTULO VII

Complexidade e Níveis de Realidade

"No início era a complexidade", escreve Edgar Morin,[1] numa formulação fulgurante.

Com efeito, nosso mundo parece tomado pela "complexidade". Aonde quer que olhemos, do infinitamente grande ao infinitamente pequeno, ou mesmo à nossa própria escala, vemos manifestar-se, triunfante, a complexidade. Submetido a seu pensamento analítico, o homem contemporâneo move-se como um estranho num mundo cada vez mais incompreensível.

O sonho de uma "física universal" que poderia explicar *tudo* a partir de algumas leis gerais ou de alguns componentes fundamentais da matéria, dissipou-se com os avanços da ciência contemporânea, sem interferência alguma de considerações de ordem filosófica ou ideológica. Mesmo na física de partículas as ditas teorias de "unificação", por mais fascinantes que sejam, só dizem respeito, apesar de tudo, às interações físicas. Além do mais, a unificação de todas as interações físicas dá-se sob energias fabulosas, que jamais serão alcançadas em nossos aceleradores de partículas.[2] Apenas alguns cientistas, dinossauros mais ou menos dissimulados, ainda se permitem, por razões mais ideológicas que científicas, embalar a opinião pública com a ilusão da possibilidade de uma simplicidade que seria acessível apenas pela razão, apenas pela ciência.

A urgência da formulação de uma epistemologia da complexidade, como a que Edgar Morin[1/3] está em vias de elaborar, é extremamente atual. Não se trata apenas de tentar "pôr em ordem" a complexidade para compreender o que se passa nos sistemas naturais; nossa própria vida, individual e social, depende diretamente da formulação de uma nova epistemologia. É possível conceber o surgimento de um novo sistema de valores e de uma nova ética sem a compreensão dessa complexidade invasora, que, se abandonada a si mesma, a proliferar segundo suas próprias leis caóticas e anárquicas, só pode levar à destruição de nossa vida e de nossa espécie?

Eu gostaria de esboçar aqui de que forma o conceito de "níveis de realidade" poderia contribuir para a formulação de uma epistemologia da complexidade.

A descoberta, ao mesmo tempo abstrata e palpável, experimental e teórica, de uma escala "invisível" aos órgãos dos sentidos — *a escala quântica* —, na qual as leis são completamente diferentes das da escala "visível" de nossa vida cotidiana, provavelmente tenha sido a mais importante contribuição da ciência moderna para o conhecimento. O novo conceito que daí emergiu — o de *níveis de materialidade* ou *níveis de realidade* — está entre aqueles que podem fundar uma nova visão do mundo.

Mas trata-se de fato de um novo conceito? Ao longo de todo este livro, empreguei o conceito de "níveis de realidade" numa acepção simbólica, que emerge da cosmologia de Jacob Boehme, baseada na relação entre a estrutura ternária e a auto-organização setenária da Realidade. Uma tal acepção é bastante vasta, muito geral para poder ser aplicada aos resultados da ciência moderna. Seria absurdo e ridículo querer trazer a todo custo uma dimensão cósmica a uma dimensão terrestre. Ademais, a diferença tão clara entre as *metodologias* da Tradição e da ciência moderna põe antecipadamente em xeque qualquer aproximação prematura do pensamento tradicional ao pensamento científico. Enfim, se a verdadeira Tradição, como observa Antoine Faivre,[4] está intimamente ligada à existência de uma Filosofia da Natureza (e esse é precisamente o caso do pensamento de Jacob Boehme e de seus continuadores), a ciência moderna foi capaz de recusar-se até hoje à necessidade da formulação de uma Filosofia da Natureza. É verdade que desde o surgimento da física quântica essa necessidade se mostra com uma força cada vez maior. É até mesmo possível que, a longo prazo, a formulação de uma nova Filosofia da Natureza permita um diálogo mais profundo entre a ciência moderna e a Tradição; mas, no momento, estamos apenas nos balbucios desse diálogo e é imperioso avançar nessa direção com grande prudência e a pequenos passos se não queremos arruinar uma grande potencialidade de nossa época.

Adotarei então uma acepção muito mais restrita do conceito de "níveis de realidade" do que a que aparece na obra de Jacob Boehme, mas que terá a vantagem de estar mais próxima daquilo que nos é ensinado pela ciência moderna. Então, nesse sentido, essa noção é nova. Ela não foi concebida por uma visão ou por uma especulação metafísica; o conceito de "níveis de realidade" tal qual será utilizado na seqüência, apóia-se na teoria e na experiência científicas. Poderíamos dizer que ele surge como uma *faceta* do símbolo boehmiano, engendrada pelo diálogo entre o homem e a Natureza durante o curso do tempo. Trata-se de uma *nova* faceta, pois é justamente o produto do tempo histórico. O símbolo boehmiano só pode enriquecer-se com essa contribuição do tempo. É sua própria vida no tempo que permite esse enriquecimento.

Em primeiro lugar, devo apresentar uma descrição, fatalmente aproximativa, do sentido que atribuo aos termos "realidade" e "nível".

Emprego o termo "realidade" em sua mais simples acepção: tal qual experimentada pelo físico em sua prática cotidiana. Em nossa prática, encontramos continuamente "algo" chamado Natureza, que resiste às nossas representações e às nossas experiências. Essa resistência confere naturalmente a esse "algo" o atributo de "realidade". Além disso, essa resistência irredutível explica por que nunca há respostas definitivas na ciência. Essas respostas são sempre parciais, aproximativas, sujeitas a contínuas alterações. Porém, se não há respostas definitivas, há, no entanto, um aprofundamento contínuo do questionamento.

Essa "realidade" de que falo não é apenas uma criação de nossa mente, na medida em que não pode ser descrita por qualquer tipo de representação. Tampouco é existente por si mesma, pois intervimos nela de maneira essencial pelo nosso processo experimental de medição, pela nossa formalização matemática e pela nossa interpretação, inevitável no campo quântico. Essa realidade não é nem uma realidade em si, sobre a qual, por definição, nada pode ser dito (mas, ao que parece, muito pode ser escrito), nem uma realidade empírica, muda no plano ontológico; é, antes, uma *realidade de interação ou participação*.

Devo especificar agora o termo "nível".

Poderíamos descrever um nível (ou escala) de realidade como sendo o conjunto de sistemas que permanece invariável sob a ação de certas transformações. Por exemplo, podemos conceber "a escala das partículas", "a escala humana" ou "a escala dos planetas", de modo que a humanidade se nos afigure um sistema de *interface* entre os sistemas pertencentes à primeira e à última escala.

Essa descrição é um pouco imprecisa e pode ser confundida com as noções de *níveis de integração* ou *níveis de organização próprias*, por exemplo, do pensamento sistêmico contemporâneo.[5]

Penso que, para que haja de fato um nível diferente de realidade, seja preciso haver uma *ruptura* de linguagem, de lógica, de conceitos fundamentais (como, por exemplo, o da causalidade). Neste sentido, o nível quântico pode ser considerado como um nível de Realidade diferente daquele que corresponde à nossa própria escala macroscópica.

Analisei longamente essas rupturas em meu livro *Nous, la particule et le monde*.[6] Darei aqui apenas alguns exemplos.

Nosso mundo macrofísico é caracterizado pela *separatividade* entre os diversos objetos que o compõem, enquanto no mundo quântico surge uma *não-separatividade* constitutiva. As diversas entidades quânticas em interação, embora permanecendo distintas, comportam-se ao mesmo tempo como se formassem um todo indissociável. Seria a não-separatividade quântica um caso particular de uma não-separatividade generalizada de todo o Universo, do gênero daquela descrita na obra de Jacob Boehme?

A causalidade local, essencial à física clássica, dá lugar à uma causalidade mais fina, *uma causalidade global* que, sem confundir-se com uma finalidade qualquer, determina no entanto a evolução do conjunto dos sistemas em interação. Seria essa causalidade global um signo ou caso particular da causalidade global característica da auto-organização do universo boehmiano?

Enfim, se o pensamento clássico está baseado na noção de continuidade, a física quântica põe em evidência o papel fundamental da descontinuidade. De onde vem a descontinuidade? Não seria ela engendrada pela *interação* dos diversos níveis de realidade? A descontinuidade que se manifesta num certo nível de realidade não seria então o signo da unidade do Universo, unidade condicionada precisamente por sua diversidade?

É evidente que num Universo caracterizado por uma estrutura de níveis de realidade a tradução de um nível para outro se impõe como uma imperiosa necessidade. A amplidão desse problema foi percebida pelos pais fundadores da mecânica quântica, em especial, por Niels Bohr. O problema da tradução de um nível de realidade para outro está intimamente vinculado à compreensão da natureza da complexidade.

É preciso fazer a distinção entre *dois tipos de complexidade*: a complexidade que diz respeito a um único nível de realidade e a complexidade que diz respeito à interação de vários níveis de realidade.

A complexidade que surge num único nível de realidade pode ser, de algum modo, "estruturada" pela noção de "nível de integração". Assim, torna-se compreensível o porque de não poder haver confusão entre as noções de "níveis de integração" e "níveis de realidade". Não há correspondência biunívoca entre essas duas noções. Em geral, muitos "níveis de interação" pertencem a um único "nível de realidade". Por exemplo, a mecânica clássica, a química orgânica e o pensamento econômico clássico põem em jogo o mesmo tipo de conceitos, ainda que correspondam a níveis de interação diferentes.

Por outro lado, a passagem de um nível de realidade a outro faz surgir uma complexidade de natureza completamente diferente, que pede novas ferramentas de abordagem conceitual.

A relação de contradição simplicidade/complexidade esclarece-se de uma nova maneira: o que num certo nível de realidade aparece como terrivelmente complicado pode revelar-se, num outro nível de realidade, extremamente simples. Por exemplo, na física de partículas, segundo a teoria das *supercordas*, se as interações físicas são representadas num espaço-tempo multidimensional de dez dimensões (uma de tempo e as outras de espaço) e sob uma energia fabulosa — correspondente à dita massa de Planck —, elas mostram-se muito simples, unificadas e obedecendo a poucos princípios gerais. As complicações surgem no momento da passagem ao nosso mundo, caracterizado de maneira inevitável por apenas quatro dimensões e por energias acessíveis muito menores.

Essa última observação permite-me ressaltar o provável papel da *natureza do espaço-tempo* na definição de um nível de realidade e portanto na compreensão da natureza da complexidade.

Nosso *continuum* espaço-tempo de quatro dimensões não é o único espaço-tempo concebível. Em certas teorias físicas, ele mostra-se antes como uma aproximação, como uma "seção" de um espaço-tempo muito mais rico em fenômenos possíveis.[6] As implicações conceituais de tal situação são consideráveis. Tentemos imaginar um ser inteligente, vivendo em duas dimensões de espaço (por exemplo, numa folha de papel). Para ele, em seu mundo bidimensional, praticamente tudo o que provém de nosso mundo de três dimensões espaciais é experimentado como um milagre, um fenômeno incompreensível, irracional.[7] Parece-me importante acrescentar que as dimensões suplementares que aparecem nas teorias físicas contemporâneas não são o resultado de uma simples especulação intelectual. Por um lado, tais dimensões são necessárias para assegurar a autoconsistência da teoria e eliminar certos aspectos indesejáveis. Por outro lado, elas não têm um caráter meramente formal: acarretam conseqüências físicas em nossa própria escala. Por exemplo, conforme certas teorias físicas,[6] se no início do Big-Bang o Universo estava associado a um espaço-tempo multidimensional, então a "compactação espontânea" de dimensões suplementares do espaço (isto é, seu rápido enrolamento numa região infinitesimal do espaço) pode estar relacionada a um período de expansão exponencial muito rápida do Universo em nosso habitual espaço tridimensional. As dimensões suplementares permanecerão para sempre ocultas, não observáveis, mas seus vestígios seriam justamente as interações físicas conhecidas.

Generalizando o exemplo fornecido pela física de partículas, não é absurdo pensar que *cada nível de realidade corresponde a um espaço-tempo específico*, distinto do de qualquer outro nível de realidade.

Na passagem de um nível de realidade a outro, sem uma *tradução* apropriada, uma série infindável de paradoxos é engendrada.

Reconhecemos assim a fonte do surgimento da *contradição*: o que num certo nível de realidade se mostra uniforme, num outro pode mostrar-se paradoxal. Creio ser esta a fonte dos paradoxos engendrados pela interpretação da física quântica na linguagem natural; paradoxos denominados erroneamente de "paradoxos quânticos", pois são antes "paradoxos microfísicos", que surgem no momento da tradução para nossa própria escala.

Na linguagem natural, somos forçados a descrever um evento quântico seja como uma onda, seja como um corpúsculo. Todavia, em sua própria linguagem — a do formalismo quântico —, o evento quântico é onda e corpúsculo *ao mesmo tempo*, ou, mais precisamente, não é onda nem corpúsculo. O evento quântico é um novo tipo de identidade, que não é de todo redutível a seus componentes clássicos. Toda a obra de Stéphane Lupasco (cujo fundamento é a física quântica), e em especial sua "sistemologia",[8] dá testemunho da insuspeitada riqueza de uma lógica da "contradição".

Nesse contexto, é interessante lembrarmo-nos que a cosmologia de Jacob Boehme, como mencionamos repetidas vezes, está baseada na dinâmica da contradição. "Na Natureza — escreve Boehme — uma coisa sempre se opõe à outra, de modo que uma é contrária e inimiga da outra. Contudo, isso não se dá para que as forças sintam raiva e aversão umas das outras, mas para que, por seu combate e oposição, se mantenham em movimento e possam com isso manifestar-se, a fim de que o grande mistério possa penetrar suas diferenças e separações, e assim possa haver uma perfeita exaltação de alegria e felicidade no Eterno Um".[9]

É natural definir os diversos níveis de realidade conforme nosso próprio nível, tal como é experimentado por nosso próprio corpo, por nossos órgãos dos sentidos.

Nós não somos o centro dessa sucessão de níveis, mas o sistema natural de referência.

Em relação a nós, podemos reconhecer a existência de níveis mais ou menos próximos, mais ou menos distantes.

Em todo caso, entre todos os sistemas naturais do planeta,

somos o que se revela dotado de uma capacidade de *tradução*. Essa capacidade, associada ao estudo científico dos sistemas naturais, permite-nos ultrapassar a ilusão moderna de haver um *único* nível de realidade, ilusão que tem como origem a absolutização da informação dada por nosso corpo e nossos órgãos dos sentidos (e também, é claro, pelos diferentes instrumentos de medição que os prolongam).

Assim, nossa época é potencialmente a da *abolição do singular* (*a* lógica, *a* linguagem, *a* causalidade, *o* espaço-tempo, *a* Realidade, *o* conhecimento) e do *surgimento do plural* (*as* lógicas, *as* linguagens, *as* causalidades, *os* espaços-tempos, *os* diversos níveis de Realidade, *os* diversos tipos de conhecimento). Nesse surgimento da pluralidade, há uma considerável fonte de *tolerância*. Esta não resulta de uma escolha ética, mas deve ter um caráter de necessidade se quisermos estar em concordância com as informações fornecidas pelos sistemas naturais.

A estrutura em níveis de realidade permite que compreendamos o ressurgimento do *sentido* na física moderna. De maneira geral, poderíamos afirmar, seguindo Raymond Ledrut[10], que o sentido surge da relação contraditória entre uma presença e uma ausência: é a evocação de uma ausência na manifestação. (Emprego o termo "presença" para significar a presença num certo nível de Realidade, que implica "ausência" nos outros. Estas noções não são estáticas, mas evolutivas, pois dependem da *tradução* efetiva de um nível a outro de Realidade.)

Assim podemos compreender por que a ciência representa *momentos* da *história do real*. O papel do tempo histórico é permitir que, pela ação do imaginário, abarquemos, com uma *simultaniedade* crescente, a riqueza dos diversos níveis de Realidade. Num certo sentido, poderíamos até mesmo afirmar que o imaginário *se concretiza* nos diversos níveis de Realidade.

Os avanços da ciência moderna permitem assim que pressagiemos o nascimento de uma nova racionalidade, infinitamente mais rica que aquela que nos foi legada pela vaidade cientificista do século XIX.

Poderíamos até mesmo falar da existência de diversos *graus de razão*, em correspondência biunívoca com os diversos níveis de Realidade. A passagem de um grau de razão a outro é um processo penoso, pois nos coloca em xeque, exigindo-nos a mudança de todos os hábitos de pensamento. Esse processo corresponde a uma verdadeira conversão. Esta não pode, é claro, provir da própria ciência; só pode ser individual, pois pede muito mais que o conhecimento de um formalismo matemático ou de dados da experiência científica.

No plano social, creio que a *decadência* de nossa época e sua evidente impotência para enfrentar seus múltiplos desafios esteja intimamente ligada ao fechamento da ciência ao ser. Ao mesmo tempo, manifesta-se uma importante discrepância entre a nova visão do mundo que emerge do estudo dos sistemas naturais e os valores que ainda predominam na filosofia, nas ciências do homem e na vida social moderna — valores baseados em larga medida no determinismo mecanicista, no positivismo ou no niilismo.

A abertura da ciência para o sentido, para o ser, pode operar-se em especial quando a noção de níveis de Realidade está presente. Permite *a integração do sujeito* enquanto explorador desses níveis de Realidade.

Por seu movimento interno, o conhecimento científico chegou a fronteiras extremas, nas quais deve retomar um diálogo ativo e frutífero com outras formas de conhecimento. O fato de os próprios cientistas começarem a desejar um tal diálogo[11] parece-me muito significativo.

Nesse contexto, podemo-nos perguntar se não haveria *leis de isomorfismos* que atravessam vários níveis de Realidade, cujos efeitos seriam diferentes conforme a escala em que se manifestassem, mas que permaneceriam sempre as mesmas.

A idéia de isomorfismo entre os diversos planos do conhecimento não é uma idéia nova; está subjacente no célebre diálogo entre Jung e Pauli. Aparece também nos trabalhos de Ludwig von Bertalanffy e Stéphane Lupasco. E Niels Bohr não hesitou em estabelecer correlações entre a sociologia, a política e a física, partindo de uma generalização do princípio de complementaridade descoberto pela física quântica.

A Realidade poderia ser comparada a um cristal com diversas facetas. Se uma dessas facetas é retirada, o cristal deixa de existir. Todavia, uma vez que o cristal existe, isso significa que houve ali uma cristalização, isto é, leis que geraram as diversas facetas do cristal como um todo. É precisamente nesse sentido que emprego o termo "isomorfismo". A descoberta dessas leis isomórficas só poderá ocorrer através de uma nova abordagem científica e cultural — *a transdisciplinaridade* —, na qual todos os ramos do conhecimento, tanto as ciências ditas "exatas" e as ciências ditas "humanas" como a arte e a Tradição, deverão cooperar.

É importante distinguir com cuidado a transdisciplinaridade de outras abordagens que aparentam ser muito próximas, como a pluridisciplinaridade, a multidisciplinaridade ou a interdisciplinaridade, mas que na verdade são radicalmente diferentes dela em seus meios e fins.

A abordagem transdisciplinar não diz respeito à simples transferência do modelo de um ramo do conhecimento a outro, mas ao estudo dos isomorfismos entre os diversos campos do conhecimento. Em outras palavras, a transdisciplinaridade leva em conta as conseqüências de um fluxo de informação que circula de um ramo do conhecimento a outro, permitindo o surgimento da unidade na diversidade e da diversidade pela unidade. Seu objetivo é descobrir a natureza e as características desse fluxo de informação, e sua tarefa prioritária consiste na elaboração de uma nova linguagem, de uma nova lógica e de novos conceitos que possam permitir o surgimento de um verdadeiro diálogo entre os especialistas dos diversos ramos do conhecimento; um diálogo que na seqüência se abriria amplamente para a vida social e, a longo prazo, traria sua contribuição para o surgimento de um verdadeiro diálogo planetário.

Para concluir, direi que diante da complexidade que invade nosso mundo moderno há três tipos de atitudes possíveis, que podem ser apontados com clareza no presente debate sobre a cultura e sobre os diversos modos de conhecimento.

A posição de tipo *científica* está baseada na crença de que um único modo de conhecimento — a ciência, a filosofia, a Tradição etc. — detém os meios de acesso à verdade e à realidade. Por exemplo, a ideologia cientificista do século XIX proclamava que somente a ciência poderia conduzir-nos à descoberta da verdade e da realidade. A felicidade da humanidade pareceria estar assim, ai de nós!, ao alcance de nossa mão. Qualquer outro modo de conhecimento era considerado ora destrutivo (a religião, a Tradição), ora acessório (a arte). O termo "ciência" poderia ser substituído pelo termo "tradição" (dogmática) e, nesse caso, a ciência e a cultura seriam então qualificadas como vias destrutivas. O termo "ciência" também poderia ser substituído por "filosofia" ou por "cultura" e então justamente a ciência seria considerada o próprio diabo, o separador, o destruidor, como Michel Henry o fez em seu livro *La Barbarie*,[12] que no entanto é um texto notável. Em minha opinião, a fonte da barbárie moderna não é a ciência, mas a proliferação anárquica da tecnologia e o predomínio do pensamento binário, o do "sim" ou "não". A ciência fundamental moderna é uma parte da cultura e pode contribuir para o reencantamento do mundo.

Uma segunda posição é a do *relativismo de tipo neo-reducionista*, formulada por Henri Atlan em seu último livro *A Tort et à raison*[13], posição essa que não tardará a granjear muitos discípulos, pois parece ser muito mais sedutora que a abordagem de tipo científica. No entanto, as duas atitudes são muito parecidas: o relativismo de tipo neo-reducionista é tão somente uma espécie de “cientificismo generalizado”. Por exemplo, Atlan proclama a existência de uma distância intransponível e de uma incomensurabilidade entre a mística e a ciência, o que aliás não o impede de tentar estabelecer em seu livro um diálogo entre a tradição talmúdica e a ciência moderna. Atlan chega a essa conclusão partindo do postulado de que ambas as abordagens “estabelecem de início que o horizonte de sua pertinência é ilimitado; que são, a princípio, capazes de dar conta de tudo o que existe.”[14] Como conseqüência disso, ele nega o valor de qualquer busca de um meta-discurso ou de uma metateoria; assim, tudo se torna jogo e divertimento: o homem pode entreter-se saltando de um ramo do conhecimento a outro, mas nenhuma ponte que ligue efetivamente um modo de conhecimento a outro pode ser encontrada.

Nisso essa posição difere muito da do *relativismo de tipo transdisciplinar* que preconizo. Embora reconhecendo a autonomia de cada campo do conhecimento e suas diferenças essenciais, o relativismo transdisciplinar está baseado na idéia de que nenhum desses modos de conhecimento poderá abarcar toda a Realidade. A busca dos isomorfismos não se confunde com a busca da lógica das lógicas, na medida em que sempre teremos de formular modelos, isto é, as sucessivas aproximações. O tempo histórico e a aproximação sempre caminharão juntos. O relativismo transdisciplinar, rigorosamente conduzido, nunca desembocará num discurso globalizante, num sistema fechado de pensamento, numa nova utopia. Ele recusa toda subserviência a uma ideologia, a uma religião, a um sistema filosófico, quaisquer que eles sejam.

Há um fantasma da totalidade e também um fantasma da separação. Creio ser bom evitar a ambos; mas é verdade que nos é muito difícil conceber a unidade dos contraditórios.

Um exemplo interessante é o recente nascimento de um novo ramo da ciência, verdadeiramente transdisciplinar: *a cosmologia quântica*. Como seu nome indica, essa nova ciência está baseada na idéia da *unidade* entre duas escalas da natureza, que há apenas alguns anos atrás eram consideradas como totalmente diferentes: a escala quântica e a escala cosmológica. As interações das partículas podem ensinar-nos a respeito da evolução do cosmos e as informações sobre a dinâmica cosmológica podem esclarecer certos aspectos da física de partículas. A cosmologia quântica gira ao redor da idéia do *surgimento espontâneo* do Universo, como resultado de leis físicas. O Universo parece capaz de *autocriar-se* e também de *auto-organizar-se* sem nenhuma intervenção "externa". A imagem mais apropriada para visualizar essa dinâmica autoconsistente do Universo seria a do "Ouroboros", a serpente que morde a própria cauda, um antigo símbolo gnóstico e, também, o símbolo da Grande Obra alquímica.

Esse exemplo prefigura a riqueza de uma pesquisa de tipo transdisciplinar. Uma verdadeira dinâmica de tipo *bootstrap* (autoconsistência) poderia então ser enquadrada entre os diversos níveis de Realidade: *cada nível de Realidade é o que é porque todos os outros níveis de Realidade existem ao mesmo tempo*. Um metadiscurso ou uma metateoria seriam então possíveis, mas nunca seriam únicos, exclusivos.

Embora situando-se resolutamente no campo da racionalidade, a transdisciplinaridade poderia permitir o surgimento de um diálogo polifônico entre racional e irracional [ou supra-racional], sagrado e profano, simplicidade e complexidade, unidade e diversidade, natureza e imaginário, homem e Universo. Estou convencido de que a transdisciplinaridade poderia demonstrar nas próximas décadas ser o meio privilegiado para a elaboração da epistemologia da complexidade e poderia iluminar o caminho para a formulação de uma nova Filosofia da Natureza.

Bibliografia e notas

1. Edgar Morin, *La Méthode*, vol. I: *La Nature de la nature*, ed. Seuil, 1977, p. 149.

2. Os físicos falam atualmente de uma "Teoria do Todo", já conhecida pelas suas iniciais TOE (*Theory of Everything*). Todavia, não se devem tomar palavras por realidades: trata-se apenas de um desses novos achados terminológicos de aspecto sensacionalista de que os físicos tanto gostam. Todo físico sério conhece bem as limitações dessa teoria, que aliás ainda não está plenamente formulada; está apenas num estado de gestação.

3. Edgar Morin, *La Méthode*, vol. II: *La Vie de la vie*, ed. Seuil, 1980; e vol. III: *La Connaissance de la connaissance* — 1. *Anthropologie de la connaissance*, ed. Seuil, 1986.

4. Antoine Faivre, *Accès de l'ésotérisme occidental*, ed. Gallimard, Bibliothèque des Sciences humaines, 1986.

5. Ver, por exemplo, Ervin Laszlo, *Le Systémisme — vision nouvelle du monde*, Pergamon Press, 1981; e Erich Jantsch, *The Self-Organizing Universe*, Oxford-New-Toronto-Sydney-Paris-Frankfurt, 1980.

6. Basarab Nicolescu, *Nous, la particule et le monde*, ed. Le Mail, 1985.

7. Para uma boa compreensão dos espaços multidimensionais (os hiperespaços), ver o livro do matemático Rudy Rucker, *La Quatrième Dimension*, ed. Seuil, 1985.

8. Stéphane Lupasco, *L'Expériece microphysique et la pensée humaine*, ed. P.U.F., 1941; *Le principe d'antagonisme et la logique de l'énergie*, ed. Le Rocher, Coleção *l'Esprit et la Matière*, prefácio de Basarab Nicolescu, 1987; *Qu'est-ce qu'une structure*? ed. Christian Bourgois, 1967; *Les Trois Matières*, ed. Cohérence, 1982.

9. Jacob Boehme, *De l'Élection de la Grâce*, trad. de Debeo, ed. Arché, Milão, 1976, p. 27 e 28.

10. Raymond Ledrut, *Situation de l'Imaginaire dans la dialectique du rational e de l'irrational*, nos Cahiers de l'imaginaire, nº 1 — "L'Imaginaire dans les sciences et les arts", ed. Privat, 1988, p. 43-50.

11. *La Science face aux confins de la connaissance: le prologue de notre passé cultural*, Declaração do Colóquio de Veneza, organizado pela Unesco em colaboração com a Fundação Cini (Veneza, 3 a 7 de março de 1986), ed. da Unesco, Paris, 1987; *La Science face aux confins de la connaissance — La déclaration de Venise*, ed. du Félin, 1987.

12. Michel Henry, *La Barbarie*, ed. Grasset, 1987.

13. Henri Atlan, *A Tort et à raison*, ed. Seuil, 1986.

14. *Ibid.*, p. 321.

Frontispício de *A tripla vida do homem*, 1620

À guisa de conclusão

Tendo chegado ao final deste breve ensaio, estou perfeitamente consciente de ter levantado o véu de apenas uma ínfima parte de um imenso continente. Mas era preciso dar meu testemunho. Testemunho do meu encontro com o pensamento de Jacob Boehme; testemunho de minha convicção de que sua obra pode dar uma contribuição fundamental para a pesquisa contemporânea de uma nova Filosofia da Natureza; testemunho de um possível reencantamento do mundo através do encontro entre o estudo do homem e o estudo do Universo.

Depois de ter explorado o infinitamente pequeno e o infinitamente grande, o homem confronta-se com a infinita complexidade do encontro consigo mesmo.

Nossa época é fascinante por sua ambigüidade. Tudo parece conspirar para nos manter confinados na "roda da angústia", para nossa autodestruição, para o desaparecimento de nossa espécie da face da Terra. Contudo, ao mesmo tempo, tudo parece favorecer a emergência de um novo Renascimento, com uma dimensão impossível de ser comparada à do movimento que atravessou os séculos XV e XVI. Eu quis testemunhar exatamente a possibilidade desse novo Renascimento.

Todavia, se queremos ir além de um mero palavrório ou de declarações de intenção sem nenhum conteúdo verdadeiro, quais são os sinais tangíveis da potencialidade desse novo Renascimento?

Há, em primeiro lugar, a busca da identidade européia. Fala-se muito, e com razão, da importância da construção da Europa nesta aurora do século XXI. Porém, a nosso ver, jamais se chegará a realizar essa construção se as motivações forem apenas de caráter político, econômico ou social, por mais justificáveis que sejam. É através do redescobrimento do laço espiritual entre as diversas nações européias que chegaremos a descobrir nossa própria identidade. Responder à questão que atravessa este livro como um eixo: "Por que a ciência moderna nasceu no Ocidente?", é contribuir de maneira direta para a busca da identidade européia.

Nossa conclusão, baseada no estudo da obra de Jacob Boehme tomada como caso exemplar, é de que a meditação cristã sobre a Trindade constituiu o terreno que permitiu a eclosão da ciência moderna. Essa conclusão pode surpreender, mesmo quando nada faz além de estender e dar precisão a outras pesquisas, em especial às de Charles Morazé. É verdade que as igrejas institucionalizadas desprezaram durante muito tempo a Natureza, rejeitando-a para as trevas exteriores, como tendo sido engendrada por uma queda que não cessou de culpabilizar multidões de fiéis. Todavia, o pensamento cristão ultrapassa em muito qualquer estrutura institucional; por isso não é surpreendente que sua quintessência seja muitas vezes encontrada na obra de pensadores situados à margem dessas igrejas, como é o caso de Jacob Boehme, que foi considerado "herético" em seu tempo. Tampouco é surpreendente que a ciência moderna se tenha definido por uma ruptura com o pensamento tradicional, encerrado numa estrutura institucional que se tornara sufocante e árida. No entanto, essa ruptura é de ordem metodológica; não estabelece de modo algum um rompimento total com o pensamento vivo que permitiu o nascimento da ciência moderna. Essa ruptura metodológica foi a condição *sine qua non* para o livre e espetacular desenvolvimento da Nova Ciência; desenvolvimento esse que desembocou na ciência de nosso próprio século.

É verdade que a estrutura ternária da Realidade é encontrada em muitas tradições, mas a especificidade e unicidade do pensamento cristão sobre a Trindade pode ser demonstrado com rigor. A coexistência paradoxal do *um* no *três* e do *três* no *um* já traduzia a potencialidade da manifestação da Divindade através da Natureza, considerada não como estranha e exterior, mas como intrínseca à Divindade. Para chegar à atualização dessa potencialidade, foi necessário esse encontro único entre imaginação criadora, pensamento cristão e o gênio maiêutico de Jacob Boehme. Assim, através da interação da estrutura ternária e a auto-organização setenária da Realidade conforme a estrutura ternária, Boehme pôde descobrir, em seu próprio ser interior, uma verdadeira dinâmica universal; e com isso a meditação cristã sobre a Trindade revela todas as suas potencialidades, numa explosão profética que abarca todos os cosmos. Nessa dinâmica deslumbrante, a Natureza encontra seu próprio lugar: o de receptáculo do nascimento de Deus.

Um segundo sinal do novo Renascimento, aliás fundamentalmente vinculado ao primeiro citado acima, é o encontro contemporâneo entre a ciência e o sentido; evento capital que provavelmente engendrará a única verdadeira revolução deste século. É certo que a ciência contemporânea é internacional, contudo suas profundas raízes permanecem sempre no terreno de seu nascimento. Cada vez mais a ciência descobre suas próprias fronteiras, determinadas por sua própria metodologia. Cada vez mais ela precisa do sentido, como uma árvore precisa do ar e do sol para seu desenvolvimento. A ciência pôde desvelar de maneira magnífica os signos encontrados na Natureza; porém, devido à sua própria metodologia, mostra-se incapaz de descobrir o sentido desses signos. Por sua posição dominante em nossa sociedade, a ciência, voltada sobre si mesma, separada da filosofia, só pode levar à autodestruição. A não-compreensão ontológica desses signos da Natureza, cada vez mais numerosos, cada mais poderosos, cada vez mais atuantes, engendra necessariamente nossa autodestruição. No outro pólo, a filosofia, a sabedoria e a Tradição, isoladas em si mesmas, por desprezo ou ignorância desses signos da Natureza, só podem assistir impotentes à sua própria esterilidade e à sua própria morte. O diálogo entre a ciência e o sentido torna-se mais necessário que nunca. Mas como suscitar este diálogo?

É aqui que o terceiro sinal do Novo Renascimento intervém. É preciso conceber um mediador entre a ciência e o sentido. Esse mediador só pode ser uma nova Filosofia da Natureza. Seria presunçoso e quase ridículo tentar formulá-la desde já. A antiga Filosofia da Natureza precisou de muitos séculos para chegar à sua formulação plena; a nova Filosofia da Natureza, por sua vez, só poderá ser formulada no final de uma longa e paciente pesquisa. No entanto, podemos decifrar desde já algumas de suas características inevitáveis.

O retorno a uma teologia, uma tradição ou uma ideologia é impensável. O ponto de partida de uma nova Filosofia da Natureza só pode ser a ciência moderna; mas uma ciência que, tendo chegado às suas próprias fronteiras, tolera e até mesmo pede uma abertura ontológica. Essa abertura só pode dar-se por um novo tipo de abordagem científica e cultural: a transdisciplinaridade. Esta abre um imenso espaço de liberdade para o diálogo entre o passado e o presente, entre a ciência, a arte, a Tradição e todas as outras formas de conhecimento. A ciência descobriu, por seus próprios meios, a existência de níveis de Realidade. Estávamos em perigo de morte, sob a influência de pensadores que preconizavam um único nível de Realidade, horizontal, no qual tudo gira em círculo e gera inevitavelmente o caos, a anarquia, a autodestruição. Estamos passando por uma época de "perigo de vida", devido ao reconhecimento de diferentes níveis de Realidade que abrem uma dimensão ontológica vertical, múltipla, polifônica. Transdisciplinaridade e níveis de Realidade estão intimamente ligados: a abordagem transdisciplinar é o meio privilegiado para a exploração do que circula entre os diferentes níveis. Nesse caminho, a redescoberta dos grandes textos do passado, como a obra de Jacob Boehme, é inevitável, pois a cultura forma um indissociável, inseparável todo, integrado no tempo. Jacob Boehme ensina-nos como o múltiplo esplendor do Ser se reflete no espelho da Natureza; a ciência moderna, por sua vez, faz com que descubramos nesse espelho da Natureza signos cada vez mais deslumbrantes. Contrariamente a Ilya Prigogine, estou convencido de que a abertura ontológica da ciência moderna não nos conduzirá a um retorno ao panteísmo. O reconhecimento de um real irredutível — o próprio fundamento do sagrado —, mas que se manifesta através de múltiplas facetas e participa em nossa vida, abrirá um horizonte infinitamente mais rico que o do panteísmo. O real resulta da interação entre o mundo e o homem, que são duas facetas de uma só e única Realidade. É chegado o tempo de uma verdadeira nova aliança — a do homem consigo mesmo. Em nossa busca, Jacob Boehme está presente entre nós, carnalmente presente: amigo, divino sapateiro, testemunha viva dessa nova aliança.

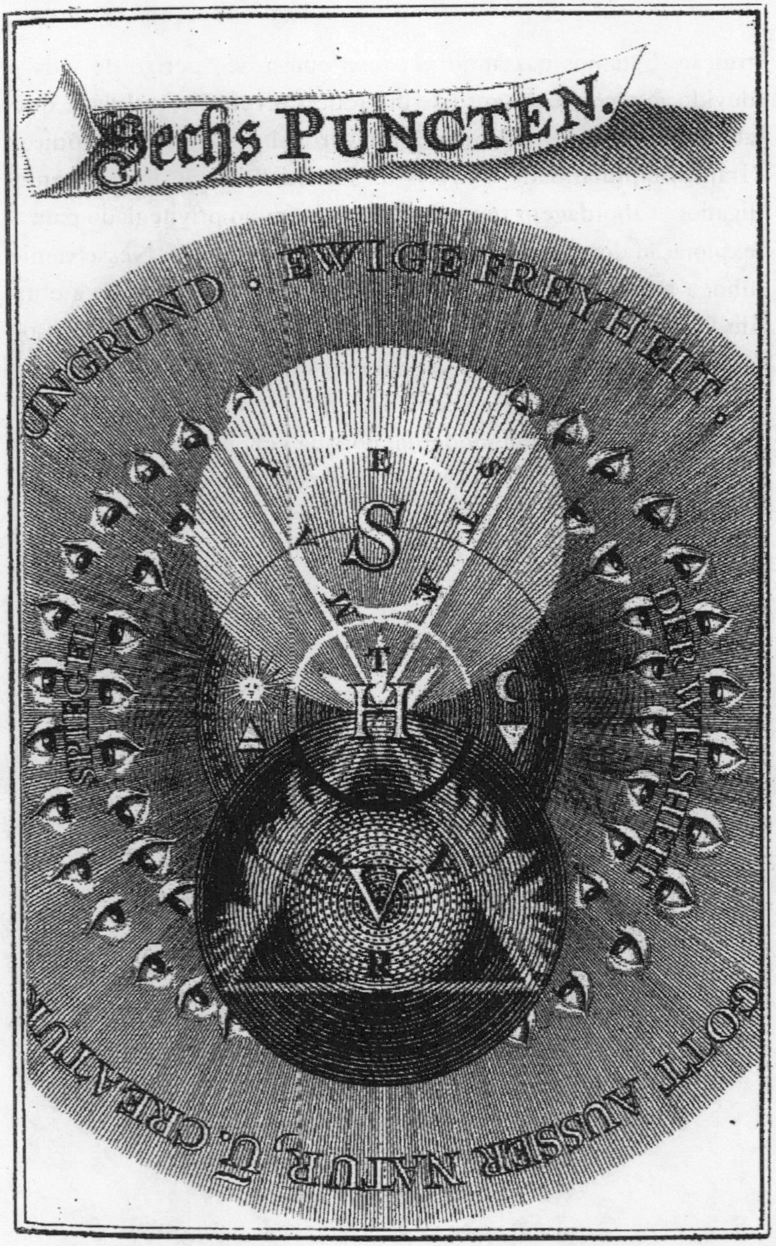

Frontispício de *Os seis pontos teosóficos*, 1620

JACOB BOEHME

Seis Pontos Teosóficos

Extrato da advertência do tradutor Louis Claude de Saint-Martin à *Aurora Nascente* (*1804*)

Apesar da aparente oposição que reina entre as ciências naturais e as ciências divinas, estas só estão separadas porque, na imprudente mão do homem, as primeiras querem atribuir sua origem apenas a si mesmas, e as segundas, certas de sua própria autoridade e sacralidade, querem ser reconhecidas como tais, sem no entanto saberem oferecer a demonstração mais eficaz disso e sem mostrarem os mais belos de seus títulos. Contudo, essas duas categorias de ciência estão unidas por um laço que lhes é comum: uma é o corpo, outra é o princípio de vida; uma é a casca, outra é a árvore; ou, se se preferir, são duas irmãs, das quais a mais nova, a ciência natural, não quis ter pela sua primogênita as considerações que lhe eram devidas, e a primogênita, a ciência divina, teve a fraqueza e a negligência de não saber conservar sua posição, deixando sua irmã caçula não apenas disputar com ela seu direito de primogenitura, mas até mesmo questionar a legitimidade de sua existência.

Ora, tudo indica que uma época de reconciliação entre essas duas ciências e de sua reabilitação em seus respectivos direitos está sendo preparada. Ambas estão numa espécie de fermentação que não pode deixar de produzir, talvez em pouco tempo, os mais felizes resultados. A ciência divina, avançando em direção ao termo de seu verdadeiro desenvolvimento e sentindo que provém da própria Luz, perceberá não ter sido feita para caminhar por vias isoladas, obscuras e tenebrosas, mas que só pode manifestar-se com todas as vantagens que lhe são próprias unindo-se à totalidade das coisas numa íntima aliança e estabelecendo-se no centro de todas as verdades físicas e de todas as forças da natureza como um astro vivificador.

E a ciência natural, de tanto perscrutar os fundamentos das coisas físicas, de tanto atormentar os elementos e instigar o fogo oculto nessas substâncias, já tão inflamáveis por si mesmas, provocará nelas uma explosão que a surpreenderá, dissipará suas prevenções, e fará com que passe a considerar sua irmã mais velha como sua companheira inseparável e seu mais firme sustentáculo.

Enquanto isso não ocorre, a curiosidade e a avidez dos homens por essas ciências naturais, hoje pesquisadas com tanto ardor e pode-se dizer com tanto sucesso, aguça as faculdades de suas mentes, que, tornando-se com isso mais penetrantes, revelam-se mais capazes de avaliar e usufruir os tesouros que sua irmã mais velha, a ciência divina, lhes trará; e talvez um dia eles próprios se tornem os mais fervorosos e úteis defensores daquilo que hoje contestam, uma vez que poderão ser seus mais precisos e justos apreciadores. Pois as revoluções que, ao que tudo indica, ocorrerão no espírito do homem, serão muito mais surpreendentes e terão conseqüências bem diferentes das nossas revoluções políticas, porque seus órgãos e seu móvel serão somente a justiça e a verdade.

Jacob Boehme

Da base sublime e profunda dos seis pontos teosóficos (1620)

Do nascimento dos *Três Princípios*.
Que espécie de árvore ou vida cada Princípio gera em si e de si. Como devemos investigar e conhecer o Fundo ou fundamento (*grund*) da Natureza.

Jacob Böhme Philosophus
Teutonicus

Prefácio ao leitor.

Não escrevemos esta obra para os animais irracionais, que exteriormente têm a forma de homem, mas que em sua imagem no espírito, manifestada e representada por suas propriedades, são animais malévolos e selvagens. Escrevemos para as imagens do Homem, para aqueles que saem da imagem bestial e entram numa imagem de homem, para aqueles que pertencem ao reino de Deus e sinceramente desejariam viver e crescer na imagem do Homem, no verdadeiro Homem, e que, muitas vezes retidos pela vida adversa, são envolvidos na vida mista [e dupla] e atormentam-se no anseio pela geração da vida una e santa. É para estes que produzimos o presente escrito.

Dizemos que não considerem impossível ver e conhecer tais mistérios, e pedimos que ponderem na comparação que se seguirá.

Se houvesse [imaginai] uma vida mista que tivesse brotado de todas as vidas, e nela houvesse uma segunda vida, esta, embora nascida de todas as outras vidas, estaria livre de todas essas vidas, e no entanto residiria em todas as essências da vida. Esta segunda e nova vida seria iluminada pela luz e estaria apenas em si mesma, de modo que poderia contemplar todas as outras vidas, e estas não poderiam contemplar nem apreender a nova vida.

É isso o que ocorre a todo aquele que, a partir da vida mista do bem e do mal, é novamente gerado em e por Deus. Essa nova imagem engendrada na vida de Deus contempla todas as vidas naturais, e para ela nada há de estranho ou difícil, pois pode contemplar a raiz da qual brotou. Isso é fácil de se perceber: como uma bela flor que não se assemelha à terra selvagem da qual nasceu, mas que com sua beleza ilumina e revela a força da terra mesclada de bem e mal, assim também ocorre a todo homem que, a partir da propriedade e qualidade animal, selvagem e terrestre, é engendrado de novo numa verdadeira imagem de Deus.

É para aqueles que, neste engendramento, estão em crescimento e se dirigem ao belo lírio do reino de Deus que escrevemos este livro, a fim de que, por seu intermédio, possam fortalecer suas essências, reverdecer na vida de Deus, crescer e dar frutos na árvore do paraíso. Uma vez que todos os filhos de Deus crescem nessa árvore e cada um deles é um galho dessa mesma árvore, quisemos partilhar nossa seiva, perfume e essência com os outros ramos e galhos desta árvore em que todos estamos, para que nossa árvore paradisíaca se torne grande, para que nos regozijemos uns nos outros, e cada ramo e galho proteja o outro contra a tempestade.

Oferecemos amigavelmente este escrito à reflexão de todos os filhos desse florescimento, e entregamo-nos a seu amor e a seu crescimento.

CAPÍTULO I

PRIMEIRO PONTO

O PRIMEIRO CRESCIMENTO E A VIDA A PARTIR DO *PRIMEIRO PRINCÍPIO*. QUAL SERIA SUA FORÇA SE TAL VIDA ESTIVESSE SÓ E NÃO MESCLADA COM AS OUTRAS — E ISSO NÃO COMO UMA MERA FIGURA OU ILUSÃO. COMO APRENDER A BUSCAR E SONDAR O CENTRO DA NATUREZA [*CENTRUM NATURAE*], E A FAZER A DISTINÇÃO ENTRE A ESSÊNCIA DIVINA E A NATUREZA.

1. Vemos e reconhecemos que cada vida é essencial. Em seguida, reconhecemos que cada vida consiste em vontade, pois a vontade é o instigador das essências.

2. Podemos considerar que na vontade há um fogo oculto, em direção ao qual ela deseja elevar-se para despertá-lo e inflamá-lo.

3. Além disso, devemos compreender que, sem o despertar das essências ígneas, a vontade é uma impotência muda e sem vida, desprovida de sensibilidade, inteligência ou substancialidade, pois assemelha-se a uma sombra sem substância; e por não ter sensibilidade ou direção alguma, precipita-se e deixa-se impelir e conduzir como uma coisa morta, como uma sombra sem essência.

4. Assim, uma vontade não-essencial é um ser mudo, sem compreensão e sem vida, uma figura num eterno e insondável Nada, pois está em suspensão numa coisa corporal.

5. Então, uma vez que a vida da vontade é engendrada da essência, a vontade sem essência é muda e sem ser, pois é um ser e uma figura conforme sua essência.

6. Assim, a vida é o filho da essência, e a vontade na qual a imagem da vida reside é o pai da essência, pois, sem vontade, essência alguma pode surgir, uma vez que o desejo tem origem na vontade e as essências têm origem no desejo.

7. Se a primeira vontade é um Sem-fundo (*ungrund*), que deve ser considerado como um eterno Nada, então a consideraremos como um espelho no qual todas as coisas vêem a própria imagem semelhante a uma vida; no entanto não há vida alguma, mas uma figura e uma imagem da vida.*

8. Assim, reconhecemos o eterno Sem-fundo (*ungrund*), fora da Natureza, como um espelho, pois ali ele é semelhante a um olho que vê, mas nada do que vê pode levá-lo a aprender ou realizar o que é visto, pois a visão é sem essência, embora seja engendrada da essência, isto é, da vida essencial.

9. Desse modo, torna-se evidente que o eterno Sem-fundo fora da Natureza é uma Vontade, semelhante a um olho, em cujo interior está oculta a Natureza, como um fogo oculto que não arde, que existe e não existe ao mesmo tempo. Não é um espírito, mas uma forma de espírito, semelhante a um reflexo no espelho. Ali todas as formas do espírito podem

---

* De acordo com Boehme, em *As quarenta questões sobre a alma*, "a *imagem* é a substancialidade do corpo divino; ela é *mágica*, sutil como o espírito, e mais sutil ainda" (12ª questão, 23-24). Na alma, a imagem brota da *imaginação verdadeira*, como uma flor da terra, configurando o Homem Celeste, segundo a gloriosa forma de Adão antes da Queda, quando a imagem celeste foi destruída pela imaginação falsa (cf. Apêndice: 6 e 16).

ver-se como reflexos no espelho; no entanto o *olho* vê apenas o próprio espelho, vê somente a si mesmo, pois seu ver é em si mesmo, e nada há diante dele que seja mais profundo que ele mesmo. Semelhante a um espelho, é o contenedor da face da Natureza; no entanto ele não toca a Natureza, assim como a Natureza não toca a forma da imagem no espelho.

10. Assim, um está livre do outro, e contudo o espelho é o contenedor da imagem. De fato, o espelho abarca a imagem, e contudo é impotente em relação a ela, uma vez que não pode reter o reflexo da imagem. Pois se a imagem se afasta do espelho, o espelho é então um brilho vazio. E seu brilho é um nada; contudo todas as formas da Natureza estão ocultas em seu interior como um nada, que todavia é verdadeiro, mas não em essência.

11. É isso que devemos entender e compreender da Sabedoria oculta e eterna de Deus: é semelhante a um olho eterno sem essência. É o Sem-fundo que, não obstante, tudo vê. Desde a eternidade, tudo esteve oculto no interior da Sabedoria, donde Ele obtém o seu ver. Todavia ela é sem essência, assim como o reflexo num espelho é sem essência, embora acolha tudo o que apareça diante dele.

12. Em segundo lugar, devemos compreender a Vontade eterna, que também é sem essência, do mesmo modo que compreendemos o Espírito de Deus. Pois ver algum é sem espírito, assim como espírito algum é sem ver; desse modo devemos compreender que o ver emana do espírito, é seu olho e seu espelho. Nele [no espelho da Sabedoria] a vontade é revelada, pois o ver produz uma vontade no Sem-fundo do abismo sem-número, que não encontra fundamento (*grund*) nem limite; e assim o espelho dirige-se a si mesmo e produz em si um fundamento (*grund*), que é uma vontade.

13. Assim, o espelho do olho eterno brilha [reflete-se e manifesta-se] na vontade e engendra para si mesmo, em si mes-

mo, outro fundo eterno, que é seu centro, seu *coração*, a partir do qual o que é visto se manifesta continuamente desde a eternidade, e através disso a vontade se põe em movimento e conduz o que é engendrado pelo seu centro.

14. Pois tudo está compreendido na vontade. É uma essência que, no eterno Sem-fundo, origina-se eternamente de si, entra em si, apreende a si mesma em si mesma, produz um centro em si, e, com o que é apreendido, sai de si e manifesta-se no esplendor do olho; brilha em si e, a partir de si, para fora da essência. A vontade possui a si mesma, e é como um nada ante a Natureza, isto é, ante o ser tangível, se se pode chamá-la assim, embora [a vontade] seja tudo e tudo provenha dela.

15. Podemos entender aqui a essência eterna da Trindade Divina e a Sabedoria insondável. Pois a Vontade eterna que apreende o olho ou o espelho — no qual se encontra o eterno ver ou a Sabedoria — é o Pai; e o que é eternamente apreendido na Sabedoria — na qual o que foi apreendido pela Vontade se constitui num fundamento (*grund*) ou centro em si mesmo, engendrado a partir do Sem-fundo — é o Filho ou o Coração, pois ele é a Palavra de vida, sua essencialidade, na qual a Vontade se manifesta com esplendor.

16. O que em si sai do Sem-fundo e penetra o centro do fundamento é o Espírito, pois é ele que, desde toda a eternidade, sempre *encontra* onde nada há. Ele, o Espírito, sai então do centro do fundamento e busca na Vontade; e o espelho do olho, isto é, a Sabedoria do Pai e do Filho, torna-se manifesto. Desse modo, a Sabedoria coloca-se continuamente diante do Espírito de Deus, que nela manifesta o Sem-fundo. Assim, a virtude da Sabedoria, na qual brilham as cores das maravilhas, é revelada pelo Espírito, a partir do Pai da vontade eterna, através do centro de Seu Coração ou fundo (*grund*).

17. Pois a Sabedoria é o que o Pai pronuncia através do Es-

pírito Santo a partir do centro do Coração, e permanece sob formas e imagens divinas, na visão ocular da triunidade de Deus, mas como uma virgem, sem nada engendrar: ela não engendra as cores e figuras que nela brilham e são reveladas no Fundo e na Essência. É uma eterna Magia, que permanece em si no centro do Coração e, através do Espírito, sai de si e do centro, para manifestar-se no olho virginal da Sabedoria.

18. Pois assim como a essência da Divindade não tem Fundo (*grund*) algum do qual provenha, o Espírito da vontade também não tem Fundo, lugar, ou limite algum em que possa tocar, repousar ou apoiar-se, e chama-se "o Maravilhoso". Sua Palavra ou Coração [o Filho], através da qual ele se manifesta, chama-se "o eterno Poder da Divindade", e a Vontade [o Pai] que engendra em si o Coração e o Poder chama-se "o eterno Conselho".

19. Assim, a essência da Divindade está em todos os pontos e espaços (*locus*) da profundidade do Sem-fundo (*ungrund*), como uma roda ou um olho, onde o início e o fim se encontram em toda parte; e lugar algum pode ser assinalado para ela, pois ela própria é o espaço (*locus*) de todos os seres e a plenitude de todas as coisas. Todavia, ela não é vista nem apreendida por nada, pois em si mesma é um olho, como o que Ezequiel viu quando o espírito de sua vontade foi introduzido em Deus, quando sua forma espiritual foi introduzida na Sabedoria de Deus pelo Espírito de Deus, e ele atingiu a contemplação; e isso não pode ocorrer de outra maneira.

20. Entendemos que a Essência Divina, na triplicidade do Sem-fundo, habita a si mesma, e engendra em si e para si um fundo, a saber, a eterna Palavra ou Coração [o Filho], que é o centro e a meta do repouso na Divindade. Todavia, até aqui não há substancialidade alguma, mas um espírito triplo, onde cada um é a causa da geração do outro.

21. Não obstante, esse espírito triplo não é mensurável, se-

parável ou sondável, pois não é possível assinalar-lhe lugar ou espaço algum, uma vez que é o Sem-fundo da eternidade que, em si e para si, engendra-se num Fundo. E não é possível inventar ou encontrar lugar ou espaço algum em que o espírito da triunidade não esteja presente; está em todas as substâncias, mas oculto a elas, permanecendo em si mesmo, como uma essência que preenche todas as coisas ao mesmo tempo, e no entanto não permanece na substância, pois tem um ser e uma essência em si mesmo, conforme nos mostram o Fundo e o Sem-fundo quando concebidos um em relação ao outro.

22. Assim, concebemos o seguinte:

O que e como foi a eternidade antes da criação deste mundo. O que a Essência Divina é em si mesma, sem Princípio ou Fundo. O que é o Eterno Início no Sem-fundo e como, em sua eterna finalidade, engendra em si um Fundo, um centro para a Palavra, seu próprio centro. Como a eterna geração da Palavra na Vontade, no espelho da Sabedoria eterna, na Virgem,* ocorre incessantemente desde toda a eternidade sem nada engendrar e por nada sendo engendrada.

23. Nessa Virgem da Sabedoria de Deus, o princípio eterno é como um fogo oculto que reconhece sua cor no espelho da Sabedoria. Desde a eternidade ele [o princípio eterno] foi conhecido em imagem ou figura [no espelho da Sabedoria], e assim será refletido e reconhecido por toda a eternidade, através de sua eterna origem no espelho virginal da Sabedoria.

24. Nesse espelho em que o princípio é manifestado a partir do Sem-fundo eterno, a essência dos Três Princípios foi vista

---

* Conforme os versículos 17 e 62 do primeiro ponto deste tratado, a Sabedoria, ou *Sophía*, está diante de Deus e nada engendra, pois quem o faz é o Espírito Santo. É substancialidade pura e imaculada, e assim permanece. Por isso, é chamada Virgem.

com suas maravilhas conforme a semelhança da Santa Trindade, numa insondável profundidade, e isso desde a eternidade.

25. Assim, devemos notar que o Primeiro Princípio tem uma origem mágica, pois é engendrado no desejo [de manifestação] da vontade. Desse modo, tanto o desejo da Vontade de engendrar, como a atração-contração do desejo [a vontade do desejo], contrária ao engendramento do Segundo Princípio, são mágicos.

26. Todavia, no Primeiro e Segundo Princípios reconhecemos apenas um único espírito sem substância tangível; então o desejo, ou atração, estende-se para engendrar o Terceiro Princípio, onde o espírito único dos dois Princípios pode encontrar repouso e manifestar-se em similitude.*

27. E embora cada Princípio tenha seu centro, o Primeiro Princípio encontra-se na fonte [qualidade] mágica, cujo centro é o Fogo, que não pode subsistir sem substância e, por isso, dirige sua fome e seu desejo à substância.

28. Quanto ao Primeiro Princípio — se o tomamos isolado, embora não esteja sozinho — devemos entender:

Em primeiro lugar, que ele é o desejo concebido na Vontade insondável no centro do Sem-fundo, onde a Palavra eterna é incessantemente engendrada desde toda a eternidade, pois a Vontade deseja o centro, isto é, a Palavra, o Coração.

29. Em segundo lugar, ele deseja que o Coração possa ser manifestado, pois no Sem-fundo não há manifestação algu-

---

* Talvez seja útil uma pequena síntese: a Vontade do Sem-fundo, de natureza expansiva, concebe um desejo para poder manifestar-se, este é o desejo da Vontade; no entanto, subsiste no interior do desejo uma outra vontade (a primeira Vontade do Pai), de natureza contrativa, pois tudo quer atrair para si. Há então um impasse entre o que podemos chamar “desejo da Vontade” e “vontade do Desejo”, apontando para a necessidade e o surgimento de um “terceiro termo”, no caso, o Terceiro Princípio, que resolverá e transcenderá essa contradição.

ma, mas um eterno Nada, um repouso sem substância ou cor e também sem virtude alguma. Nesse desejo estão as cores, potências e virtudes; e se permanecesse oculto, tudo seria eternamente não-manifesto, pois não haveria luz, brilho ou Majestade alguma, mas um triplo espírito encerrado em si mesmo, desprovido da fonte da consubstancialidade.

30. É assim que devemos entender a mais profunda essência da Divindade, sem a Natureza e fora da Natureza.

31. Além disso, é no desejo da eterna Vontade da Divindade de manifestar-se como Luz de Majestade, a partir de seu próprio Fundo (*grund*), que encontramos a primeira Vontade do Pai, desejosa do Filho e da Luz da Majestade. E isso em duas vias: a primeira indo ao centro da Palavra, e a segunda indo à Luz ou à manifestação da Palavra. Cada uma [dessas vias] é um desejo *atrativo*, embora no Sem-fundo (*ungrund*) nada haja que possa ser atraído; assim o desejo atrai a si próprio e impregna [engravida] a segunda Vontade do Pai, que tende [imagina-se] para a Luz da Majestade, fora do centro de sua Palavra ou Coração.

32. Nesse momento, o Coração está *prenhe* da Luz, e a primeira Vontade está *prenhe* da Natureza [tenebrosa]; contudo, se o Princípio não fosse engendrado, nenhum dos dois seriam manifestados.

33. O Pai engendra, a partir da primeira Vontade, o Primeiro Princípio como Natureza que, no Fogo, chega à sua mais alta perfeição. Em seguida, a partir da segunda Vontade [prenhe] da Palavra, Ele engendra o Segundo Princípio, pois deseja manifestar a Palavra e a Luz da Majestade. Assim, na Luz da Majestade, o Fogo do Segundo Princípio é doçura (complemento e satisfação da primeira Vontade), que é contrário ao Fogo do Primeiro Princípio. Ele extingue sua cólera e a conduz a uma substância essencial, a saber, a uma eterna vida, na qual o Fogo está oculto na Luz, à qual doa sua po-

tência, força e poder, de modo a formar um laço eterno de união, pois um nada seria sem o outro.

DO *PRIMEIRO PRINCÍPIO* EM SI MESMO.
O QUE ELE É PROPRIAMENTE EM SI MESMO.

34. É preciso prestar atenção ao desejo, pois cada desejo atrai o que há na vontade desejosa.

35. Ora, Deus deseja apenas a Luz, isto é, o brilho de seu Coração, para que brilhe na Sabedoria e com isso toda a Divindade seja manifestada: em si mesma, através da Virgem de sua Sabedoria, e para fora de si, através do Espírito em expansão, para que n'Ele haja eternamente a perfeita alegria, satisfação e deleite.

36. Ora, isso só pode ser engendrado através do Fogo, onde a Vontade é levada à mais profunda agudez da onipotência, visto que se torna um Fogo ardente; por outro lado, a Luz é a doçura da geratriz da oniSubstancialidade.

37. Portanto, uma vez que o Fogo também necessita uma geratriz de origem e de vida, que possa gerá-lo e mantê-lo, esta deve conter em si duas vidas ou fontes, pois ele brilha numa dupla vida ou fonte, chamada legitimamente dois Princípios, embora haja apenas um: trata-se de uma fonte dupla num só ser [ou essência] que, em relação à fonte única, é considerada dois seres [ou essências], como pode ser visto no fogo e na luz.

38. Se consideramos o desejo, vemos que é uma forte atração, semelhante a um movimento de eterna contração, pois atrai a si mesmo para si, tornando-se denso e prenhe de si, de modo que, da tênue liberdade, na qual nada há, advém uma treva, pois a Vontade desejosa torna-se densa e plena da atração [do desejo], embora ali haja somente treva.

39. Todavia, a primeira Vontade quer estar livre da treva; deseja a Luz, mas não pode atingi-la [ou gerá-la]; e quanto mais cresce seu desejo de liberdade, mais cresce a atração e o aguilhão das essências que se originam na atração do desejo.

40. Assim, quanto maior a atração exercida pela Vontade, maior a potência de sua gestação; no entanto, a treva não pode atingir o centro da Palavra ou Coração da Trindade, pois esse centro é um degrau mais profundo que ela mesma e constitui o fundamento de uma aliança [entre a treva e o centro da Palavra].

41. Porém, a primeira Vontade, na qual tem lugar a geração da Natureza, é ainda mais profunda que o centro da Palavra, pois origina-se no eterno Sem-fundo (*ungrund*) ou Nada, no centro do qual o Coração ou centro do Palavra está encerrado, onde a primeira Vontade do Pai trabalha para a geração do Fogo.

42. Vemos então que, na tenaz atração [do desejo], uma substância ou essência muito forte e resistente é produzida, e desse modo a substancialidade tem origem na eternidade; pois a atração gera o aguilhão [o movimento expansivo da essência], e o que é atraído gera a dureza, isto é, gera, do nada, a matéria: uma substância e uma essencialidade.* O aguilhão da atração permanece nessa essencialidade: punge, irrompe, quebra, e tudo isso devido à atração exercida pela Vontade desejosa.

---

* Ao longo da obra de Boehme, nem sempre é fácil delimitar com precisão substancialidade e essencialidade. O que importa compreender aqui é que a natureza da ação ou *qualificação* da essência se traduz no movimento expansivo (da Vontade), enquanto a natureza da ação ou *qualificação* da substancialidade se traduz no movimento contrativo (do desejo). Quando a essência, proveniente da Vontade, sofre a ação do movimento atrativo-contrativo (do desejo), a essência, por assim dizer, torna-se 'densa', vindo a engendrar a substancialidade. Esboça-se então, a partir de uma única raiz, a passagem da essencialidade à substancialidade, ambas subsistindo eternamente uma na outra, constituindo, segundo a terminologia de Boehme, "uma eterna aliança".

43. Aqui podemos reconhecer duas formas [ou forças] da Natureza: a *adstringência* [atração], que é o desejo, e o aguilhão, que produz no desejo uma ruptura e uma pungência [expansão], donde resulta o *sentir* [a vida sensível], que é o *amargor*, causa e origem das essências na Natureza.

44. No entanto, a primeira Vontade não se satisfaz nem encontra repouso em nada disso; ao contrário, é conduzida a uma grande angústia, pois deseja a liberdade na Luz, e contudo ainda não há brilho ou esplendor algum na liberdade. A Vontade, então, entra na terrível angústia, e o desejo de liberdade exalta-se de tal maneira que a angústia, como um *morrer* e uma precipitação através da morte, introduz uma segunda Vontade na liberdade, saindo da quebra, do aguilhoamento, escapando à poderosa atração.

45. Compreendemos aqui as duas vias da Vontade: uma [a primeira Vontade do Pai] que se eleva da severidade, da austeridade, para o engendramento do Fogo da cólera; e outra [a segunda Vontade do Pai] que *imagina* [se projeta] em direção ao centro da Palavra e, como num morrer, precipita-se da angústia para a vida livre, levando a vida consigo para fora da angústia, rumo à liberdade. Assim, do eterno Sem-fundo, uma vida é engendrada, isto é, do Nada provém uma vida eterna.

46. No primeiro impulso da Vontade, rumo à geração do Fogo, reconhecemos a primeira Natureza, isto é, a natureza do Pai na severidade colérica; e no segundo movimento da Vontade, sua entrada na liberdade, no centro do Coração, reconhecemos a Natureza divina, a vida na Luz, na virtude [ou força] da Divindade.

47. Portanto, torna-se claro que a primeira Vontade do Pai, que se dirige ao Fogo, opera e efetua a forte, dura, amarga e grande angústia, que é a terceira forma da Natureza; pois a angústia é como o centro do qual a vida e a Vontade se elevam eternamente. A Vontade quer estar livre da grande an-

gústia, e no entanto não pode; quer fugir, e no entanto é retida pela adstringência [atração], e quanto mais seu desejo de escapar aumenta, mais potente se torna o aguilhão amargo das essências e da multiplicidade.

48. Como a Vontade não pode voar e escapar da atração, põe-se a girar como uma roda. Com isso as essências mesclam-se e a multiplicidade das essências entra numa vontade mista, denominada mente (*gemüthe*)* colérica eterna, na qual a multiplicidade das incontáveis essências é compreendida numa mente (*gemüthe*), e da qual, a partir de uma essência, uma vontade pode continuamente elevar-se conforme a propriedade dessa essência, fazendo brotar as maravilhas eternas.

49. Uma vez que a grande e poderosa mente (*gemüthe*) assume a forma da angústia (a terceira força da Natureza), passa a girar como uma roda e, através do aguilhão, rompe continuamente a forte atração, e conduz a multiplicidade das essências para fora da angústia. Porém, sempre retorna à roda da angústia, formando uma nova unidade, uma nova mente. Então a vida da angústia, isto é, a Natureza, é engendrada: há um movimento, um impulso, uma evolação, uma retenção, e também um sentir, um provar, um ouvir. No entanto, não é uma verdadeira vida, mas tão somente uma Natureza viva, sem princípio; pois não há crescimento algum, mas algo semelhante a um frenesi, uma loucura, que gira em torno de si como uma roda. Na verdade, há um laço de vida, sem entendimento ou conhecimento, pois não conhece a si mesmo.

50. Assim, a segunda Vontade do Pai eterno, chamada Deus,

---

* A palavra alemã *gemüthe*, que Saint-Martin traduz por *base affective* (base afetiva), é traduzida em todas as edições inglesas por *mind* (mente), que comporta uma gama de significados pertinentes, tais como mente, alma e inclinação. Aqui, *gemüthe* é empregado como “alma irrascível”, porém, dependendo do contexto, pode adquirir outros significados.

desde o centro de seu Coração, deseja a Luz e a manifestação da Trindade no espelho da Sabedoria, e dirige-se ao *centrum naturae*, pois através da Natureza deve ascender ao esplendor da Majestade.

51. Então essa segunda Vontade, entrando no centro da Palavra de vida, tem em si a liberdade, e a primeira Vontade [que se dirige ao Fogo], entrando na angústia, na agudez ou na pungência [força expansiva] da Natureza, deseja a liberdade para que esta possa manifestar-se na angústia da mente colérica.

52. A primeira Vontade deseja libertar-se da tenebrosa adstringência [atração] e a liberdade deseja a manifestação. Desse duplo movimento da Vontade provém a angústia. Pois em si mesma, sem a agudez, sem as propriedades [qualidades ou formas] potencializadas na roda da angústia, a Vontade de liberdade, que se chama Pai, não pode manifestar-se.

53. Assim a Vontade é desejosa das propriedades engendradas na angústia, nas essências do Fogo, para com isso manifestar suas maravilhas, virtudes e cores, o que não pode ocorrer sem a Natureza.

54. Assim, a primeira Vontade, que se chama Pai, a própria Liberdade, deseja a Natureza, e a Natureza deseja ardentemente a Liberdade, a fim de escapar junto com suas formas [forças] da fonte ou roda da angústia. A Natureza, em sua aguda [expansiva] e severa [atrativa] qualificação, acolhe a Liberdade em sua imaginação, terrifica-se com isso e projeta-se como um relâmpago, numa explosão de alegria por terse libertado da fonte da angústia.

55. Dessa explosão resultam duas essências: uma mortal, outra vivente. O que deve ser entendido da seguinte maneira:

56. A Vontade que se chama Pai tem a liberdade em si e engendra-se na Natureza; de modo que participa da Natureza e é Onipotente na Natureza.

57. A explosão da Natureza acende o Fogo, pois quando a tenebrosa angústia, a pungente e severa mente, recebe em si a liberdade, muda-se em relâmpago, e este apreende a liberdade, a doçura; então o aguilhão da morte é quebrado e a segunda Vontade do Pai é engendrada na Natureza, Vontade essa que, muito antes da Natureza, foi concebida e vislumbrada no espelho da Sabedoria, como seu Coração de Amor, como desejo do amor e reino de alegria.

58. Assim o Fogo é engendrado na [primeira] Vontade do Pai, a segunda Vontade lhe dá a força da doçura e do amor, e o Fogo toma em sua essência a qualidade do amor como alimento; então, a partir dessa consumação e dessa explosão, o Fogo arde e dá nascimento ao Espírito do reino de alegria.

59. Aqui, o Espírito Santo, que na Origem (antes da Natureza) é o Espírito da Vontade do Pai, torna-se manifesto e recebe o poder das maravilhas, e assim sai (da primeira Vontade) do Pai para a segunda Vontade na Natureza; e sai do Fogo, da explosão de alegria na qualidade do amor, para a essencialidade [e substancialidade] da doçura.

60. Então, a doçura também passa a desejar as propriedades do Fogo, e esse desejo atrai a doçura do reino de alegria para si. Eis de onde provém a água da vida eterna que, consumida pelo Fogo, engendra a Luz da Majestade.

61. Agora, a Vontade do Pai e do Filho habitam a Luz, na qual o Espírito Santo é a vida. Ele revela, na Luz, a força da doce essencialidade, em suas cores, maravilhas e virtudes.

62. Essa é a Sabedoria virginal, que não é geradora, e tampouco revela coisa alguma por si mesma, pois o Espírito Santo é o Revelador das maravilhas da Sabedoria. Ela é a veste e o véu que envolve o Espírito, pois tem em si as maravilhas, cores e virtudes do mundo divino. Ela é a casa da Santa Trindade e o ornamento dos mundos divino e angélico.

63. Nas cores e virtudes da Sabedoria, o Espírito Santo re-

velou os coros angélicos, e também todas as maravilhas das coisas criadas que foram contempladas (ainda desprovidas de ser ou substancialidade) na Sabedoria, desde toda a eternidade, segundo suas figuras e formas, como num espelho. Foi pelo movimento do Pai que estas figuras adquiriram essência e existência criatural, conforme as maravilhas da Sabedoria.

64. Na explosão que ocorre na Natureza, esta se divide em duas essências ou seres: a primeira, criada a partir da [primeira] Vontade do Pai, que se dirige ao Fogo ou Mundo de Fogo; e a segunda, criada a partir da segunda Vontade do Pai, que se dirige à Luz ou Mundo Luminoso.

65. Nessa explosão, nessa morte, a segunda Vontade angustia-se na fonte hostil e severa das trevas [do desejo]. E assim deve ser, para que nessa angústia surja o desejo eterno de libertar-se dessa fonte, para que se produza na segunda Vontade, que habita a Natureza, o contínuo desejo de vir em auxílio da [primeira] essência, [isto é, a que se dirige ao Fogo]. E isso também faz com que na Vontade do Pai se faça a Misericórdia, que introduz a liberdade na angústia, e que, não podendo permanecer na angústia, sai do Fogo e da Cólera em direção à fonte da Luz e do Amor.

66. Ora, a segunda Vontade do Pai, seu Coração, brota como um manancial de Amor e Misericórdia. N'Ele a Misericórdia tem origem, de modo que, na dor e na aflição, há piedade e compaixão; isto é, a segunda Vontade do Pai, embora sendo livre, manifesta-se na severa cólera da Natureza, para que esta seja apaziguada.

67. Todavia, a terrível roda da angústia e da cólera não deixa de subsistir; pois na explosão ocorre um *morrer*, não propriamente a morte, mas [um princípio de morte,] uma vida mortal semelhante à pior das essências, que em si é como uma *água forte* ou um veneno, pois este *morrer*, esta *água forte*, é necessário para que o centro da Natureza subsista eternamente.

68. Por outro lado, a vida advém da morte, e assim a morte deve ser uma causa da vida. Pois se ali não houvesse a fonte venenosa e colérica, o Fogo não poderia ser engendrado; e se não houvesse a agudez da essência do Fogo, não haveria Luz alguma e nenhuma vida seria encontrada.

69. Assim, a primeira Vontade, que se chama Pai, aloja-se na Maravilha, e a segunda Vontade, que se chama Filho, aloja-se na Força. Também o reino de alegria encontra aqui sua origem: se não houvesse dor, também não haveria o reino de alegria, pois o reino de alegria consiste no fato de a vida ser libertada da angústia, embora a vida tenha nela sua origem.

70. Por isso as criaturas têm por princípio de vida um veneno ou fel. Do fel surge o movimento do qual resulta a vida, pois ele produz o fogo no coração; e o fogo é a verdadeira vida e não apenas uma figura da vida.

71. O verdadeiro espírito brota da vida ígnea, saindo do Fogo para a Luz, e, como o ar, está livre do Fogo, embora deste seja proveniente.

72. Pois o verdadeiro espírito — que, no homem, é engendrado do Fogo da alma — tem sua propriedade na Luz da vida que provém do Fogo. Pois ele [o espírito] provém da morte, sai da morte, e a fonte hostil e colérica permanece no Fogo e sob o Fogo, na causa do Fogo, isto é, na morte colérica.

73. Assim, a morte colérica é a raiz da vida. Considerai aqui, ó homens, a vossa morte e também a morte do Cristo, que engendrou nossa nova vida através do Fogo de Deus! Pois da morte é engendrada a verdadeira vida! O que pode sair da morte está livre da morte e da fonte colérica. Eis então o reino de alegria, onde não há fonte colérica alguma: a cólera permanece na morte, no mundo tenebroso, e assim a vida alcança a liberdade eterna, onde não há mais temor ou terror algum, pois na vida verdadeira e eterna o terror é rompido.

74. A verdadeira vida é uma força de alegria, um perpétuo bem-estar e um prazeroso deleite, pois nela não há tormento algum. Na verdade há apenas um desejo que, embora seja a fonte e o princípio da dor, não pode exaltar-se, pois suas propriedades não podem inflamar-se ali, isto é, na vida verdadeira, pois a Luz e a Liberdade opõem-se a isso.

CAPÍTULO II

Do *Princípio*: O que é *Princípio*, e quais são os *Três Princípios*.

1\. Quando vida e movimento surgem onde não há vida ou movimento algum, um Princípio está presente. O Fogo em sua propriedade é um Princípio; e a Luz em sua propriedade também é um Princípio, pois é engendrada do Fogo, embora não seja propriedade do Fogo. A Luz também tem em si sua própria vida, mas o Fogo é sua causa interior, e a angústia colérica é a causa de ambos.

2\. Todavia, a Vontade da angústia, que se chama Pai e que engendra a [roda da] angústia na Natureza, não pode ser sondada. Apenas buscamos saber como esta Vontade chega à mais alta perfeição na essência da Santa Trindade; como ela se manifesta em *Três Princípios*; como tem origem a essência de cada fonte ou Princípio; e o que é a essência, da qual provêm a vida sensível e a maravilha de todos os seres.

3\. Assim reconhecemos o *Terceiro Princípio*, ou a fonte deste mundo, com as estrelas e os elementos, como uma criação das maravilhas da Sabedoria eterna.

4\. O *Terceiro Princípio* manifesta os dois primeiros: embora cada Princípio esteja manifesto em si mesmo, a Essência eterna, com suas maravilhas contempladas na Sabedoria, quis manifestar-se numa tal propriedade [a do Terceiro Princípio], conforme o Fundo da eternidade, a eterna fonte da cólera e do amor, numa essência criatural e figurativa boa e má. É evidente que neste mundo há bem e mal, pelo que os demônios são os grandes responsáveis; pois em sua queda atiçaram violentamente a severidade na matriz colérica, fazendo que Deus se movesse mais fortemente ainda na propriedade da cólera, a fim de lançá-los da Luz para a morte na severidade colérica. Com esse movimento a essencialidade celeste também foi movida, por isso muitas coisas que estavam na Liberdade estão encerradas na essencialidade terrestre.

5. É o que vemos ocorrer, por exemplo, com o ouro, cuja *tintura** está livre da essencialidade terrestre, pois resiste ao fogo e a todas as qualidades. Qualidade alguma pode contê-la, exceto a Vontade divina; no entanto, o ouro e sua tintura estão neste mundo, mas devido à indignidade deste, são raramente encontrados, pois a Vontade divina os retém.

6. E se consideramos corretamente a criação deste mundo e o espírito do Terceiro Princípio, *o espírito do grande mundo*, com as estrelas e os elementos, encontramos as propriedades do mundo eterno aqui mescladas como uma grande maravilha através da qual Deus, o Bem Supremo, quis manifestar em ser [ou substância] as maravilhas eternas que se ocultavam no Mistério.

7. Em todas as coisas, encontramos o bem e o mal e também o centro da Natureza (*centrum naturae*) ou câmara da angústia; mas encontramos especialmente *o espírito do grande mundo* em duas fontes: o calor e o frio. Reconhecemos no frio

---

* Segundo Boehme, a tintura provém da qualificação expansiva da essência em todos os corpos ou substâncias, em todos os três Mundos. Ela é o que, segundo a natureza da substância, deseja sempre retornar a seu éter, a seu Princípio original, isto é, à Luz, às Trevas ou ao Fogo. Há, portanto, três tinturas básicas: a celeste, a infernal e a terrestre. A tintura não é a substancialidade, nem o elemento puro, é o *spiraculum vitae*, o princípio de vida de cada corpo ou substância, é o espírito ou essência particular contido em todos os seres e coisas.

o centro da adstringente e aguda severidade, e, no calor, o Princípio do Fogo; no entanto, um é a origem do outro.

8. O Fogo provém da severidade do frio, e o frio provém do centro da Natureza, isto é, da adstringente e aguda angústia, onde a adstringência exerce uma atração tão intensa que produz a substancialidade, do mesmo modo que produziu a terra e as pedras, quando o Pai se moveu para criar este mundo, isto é, o *Terceiro Princípio*. Contudo, ali [no centro da Natureza], a adstringência não tinha para isso substância alguma, apenas sua própria essência, que a partir de dois desejos foi engendrada em dois Princípios: no Mundo de Luz e no Mundo de morte.

9. Quando o Pai se moveu, o que foi apreendido pela severidade tomou forma no globo terrestre. É por isso que encontramos aqui uma diversidade de coisas, boas e más; e também por isso, muitas vezes ocorre que do pior pode advir o melhor, uma vez que o centro da Natureza está no interior de todas as coisas. Se algo é levado ao fogo, então disso pode ser extraído o filho puro da essencialidade eterna, libertando-o da morte, do mesmo modo que do ouro se extrai sua incorruptível tintura.

10. Como neste mundo é impossível alcançar o Fogo eterno, nada pode ser extraído deste [Terceiro] Princípio; [pois] só alcançamos o Fogo eterno pela *imaginação*, através da qual o homem tem o poder de extrair a vida da morte e conduzi-la à substancialidade divina. Porém isso só pode ocorrer no homem; o que está fora do homem pertence a Deus, e assim permanecerá até a renovação, até o fim deste tempo.

11. Assim, revelamos aqui a essência e propriedade dos *Três Princípios*: o *Primeiro Princípio* consiste no Fogo da Vontade, e é causa dos outros dois, como também da vida e da inteligência, sendo o preservador ou mantenedor da Natureza e de todas as propriedades do Pai.

12. O *Segundo Princípio* consiste na Luz, proveniente do Fogo do desejo, que transmuta a propriedade do *Primeiro Princípio* em substância.

13. Na eternidade, o Primeiro e Segundo Princípios são Pai e Filho. Um habita o outro, contudo cada um mantém sua propriedade, e não há mistura alguma das essências. Um recebe o outro no desejo: a Luz habita o desejo do Fogo, de modo que a propriedade do Fogo dá seu desejo à Luz, e a Luz dá o seu ao Fogo.

14. Assim, há um único ser e não dois, mas há duas propriedades, onde uma não é a outra e tampouco pode vir a sê-lo. De forma semelhante, é o que ocorre com a propriedade do Espírito, que não é a do Fogo nem a da Luz, embora provenha de ambas, e não poderia provir apenas do Fogo ou apenas da Luz. O Fogo sozinho não poderia produzi-lo, tampouco a Luz; mas os dois juntos o fazem. O Espírito é a vida de ambos, e no entanto é um único ser. São três propriedades, onde nenhuma é a outra, como pode ser visto no fogo, na luz e no ar.

15. O *Terceiro Princípio* tem também essas mesmas propriedades (o fogo, a luz e o espírito, isto é, o ar) e, em todas as suas particularidades, é semelhante ao Ser eterno. Tendo início e procedendo do Eterno, é uma manifestação do Eterno, um despertar, uma imagem e uma similitude do Eterno. Ele não é o Eterno, mas uma essência que brotou no Desejo eterno, que se manifestou e se constituiu num ser semelhante ao Eterno.

16. A razão diz: "Deus criou o mundo do Nada". De fato, certamente não havia ali substância ou matéria que fosse exteriormente tangível, mas apenas uma *Forma* [Idéia] no eterno poder da Vontade.

17. A criação deste mundo proveio de um despertar do Espírito da Vontade. A Vontade interior, que existe em si mes-

ma, desejosa da Luz, moveu sua própria natureza, constituindo um centro, que, saindo de si, fez a Luz brotar desse centro. Assim, pelo desejo, o centro apreendeu fora de si o ser ou a essência que brotou de si; em sua imaginação desejosa, fez de si um ser ou substância, e assim apreendeu a natureza da Luz.

18. Nesse início, ele [o centro do Terceiro Princípio] apreendeu o Eterno; por isso os seres deste mundo devem retornar ao Eterno como figuras, pois foram apreendidos no Eterno. Porém, o que quer que, no início, tenha sido feito e apreendido no desejo, retorna a seu éter como um nada [uma figura ou imagem sem substância], isto é, retorna ao espelho da imaginação. Pois como não provém do Eterno, mas da eterna Magia no desejo, é semelhante a um fogo que traga e consome uma substância até nada restar, e volta a ser o que era quando não havia substância alguma.

19. Assim deve ser entendida a substância deste mundo: nada mais que fumaça coagulada do éter eterno, que se realiza de maneira semelhante à manifestação do Eterno: encerra-se no centro de uma substância (que se consumirá) e retorna à Magia eterna. É uma maravilha apenas durante um tempo, como uma manifestação do Eterno, pela qual o Eterno, que é manifesto em si, manifesta-se também fora de si e faz transbordar sua imaginação, e assim renova o que havia sido feito e apreendido pelo movimento do desejo, para que o fim possa entrar de novo no início.

20. Pois nada pode entrar na liberdade do Eterno, a menos que seja semelhante ao Eterno, que subsista no Fogo da Vontade e seja tão sutil quanto a substancialidade da Luz, isto é, como uma *água*, uma substância translúcida em que a Luz possa habitar. Algo assim não pode ser apreendido pelo centro da Natureza (*centrum naturae*), pois, embora se manifeste como uma propriedade da Natureza, é eterno.

21. Assim, deves entender que tudo o que é engendrado neste mundo e tem substância, mas não provém da Essência eterna, não herda o que pertence ao Eterno; apenas sua figura subsiste magicamente no mistério eterno, pois tal figura proveio do Eterno, quando da Criação [deste mundo]. Mas seu corpo e toda a substância da fonte [do *Terceiro Princípio*] consomem-se como fumaça, pois provêm de seu início e não passarão de seu fim.

22. Todavia, o que provém da Essência eterna, da essencialidade da Luz eterna, não pode deixar de ser eterno. De tudo o que provém dessa origem, será consumido apenas o que no início [deste mundo] foi introduzido no Eterno: o que (como a carne exterior) foi introduzido no Eterno pela [falsa] imaginação [ou fantasia] do homem deve consumir-se como uma fumaça.

23. Porém, o que, através da imaginação [verdadeira e] eterna, é reintroduzido no Eterno, isto é, o que (como a alma do homem) é engendrado do Eterno, na Natureza eterna, subsiste eternamente, pois origina-se do Eterno.

24. Todavia, se algo é engendrado do centro eterno da cólera, pode, se quiser, entrar na renovação [ou regeneração]. Assim, a Natureza eterna se renova: gera a essência e a substância da natureza exterior, e depois abandona o que produziu quando da criação deste mundo, retendo apenas a imagem mágica daquilo que no início foi introduzido na natureza exterior pelo *Fiat* da Vontade eterna. Assim também o homem pode renovar-se: abandonando o terrestre, pode então renovar o que foi concebido no Eterno; mas se isso não for renovado, permanece então na fonte de que proveio.

25. Pois tudo o que não é ou não se torna semelhante ao fogo, à luz e à água, não pode subsistir na Liberdade, mas permanece na fonte da qual é proveniente e que despertou

em si, a partir do centro da Natureza. O que [pertencendo à fonte colérica] foi introduzido na vontade da liberdade, tornar-se-á um tormento e um remorso, uma vontade contrária que ele mesmo engendrou de seu próprio centro ou natureza, tornando com isso tenebrosa a Luz para si, de modo que a Luz não pode mais brilhar, e isso será sua treva.

26. Pois onde a vontade é tenebrosa, a substância da vontade, seu corpo, também é tenebrosa; e onde a vontade é um tormento, o corpo também é um tormento; e é devido a isso que, através do Fogo e da fonte da angústia, os filhos da Luz da liberdade serão separados dos filhos das trevas, e cada um entrará em seu Princípio.

27. Assim, é preciso compreender agora que cada Princípio engendra sua própria vida conforme sua propriedade [ou qualidade]; mas o Fogo é o termo de separação que satisfaz os dois Princípios, isto é, as Trevas e a Luz. Às Trevas ele dá seu aguilhão e sua dor, e à Luz sua sensibilidade e sua vida.

28. Também o Terceiro Princípio tem duas propriedades, o calor e o frio. O calor dá ao frio seu aguilhão e sua dor, e à luz dá a vida e a sensibilidade. Por sua vez, a luz dá sua substancialidade ao fogo, de modo a unir-se docemente a ele. O frio também dá sua propriedade e substancialidade ao fogo, que por sua vez as quebra, produzindo a morte e o morrer. Por isso há sempre uma inimizade entre o calor e o frio e eles nunca se tornam um.

29. Devido ao antagonismo de suas propriedades, eles fazem que a vida cresça através da morte, pois o crescimento do Terceiro Princípio (no qual vivemos exteriormente) provém do frio e do calor. Do frio, provém o fruto exterior da terra e também o corpo de todas as criaturas, e também a substância dos elementos. Do calor, em seu combate [com o frio], provém a vida no corpo de todas as criaturas, e também o *espírito do grande mundo* que subsiste no interior dos ele-

mentos, sob múltiplas formas e figuras. Isto é, onde o frio produz a substância, o calor produz um espírito.

30. Assim, toda a Essência está em combate para que as maravilhas do Mundo eterno sejam manifestadas na temporalidade, e para que os modelos eternos na Sabedoria de Deus se manifestem em figuras [substanciais]. Esses modelos subsistem eternamente na Magia eterna, para a glória de Deus e a alegria dos anjos e dos homens, não em substância, mas em Mistério, na Magia, como uma sombra ou reflexo do Ser, a fim de que a obra, o conhecimento e poder de Deus sejam eternamente conhecidos.

31. Pois, após a dissolução deste mundo, subsiste apenas o que é eterno, como espíritos eternos, com seus corpos de substancialidade eterna e com as maravilhas e obras que realizaram neste mundo, que subsistem como figuras mágicas. Então os espíritos reconhecerão as maravilhas e potências de Deus.

32. Devemos considerar agora os Princípios e suas maravilhas. Todos os três não são outra coisa que a manifestação do Deus único em suas maravilhas e obras, o mesmo que se manifestou através deste mundo conforme as propriedades da Natureza. Assim, devemos entender os Três Princípios como um ser triplo, como três Mundos, cada um imbricado nos outros.

33. O primeiro é o Mundo de Fogo, que procede do centro da Natureza (*centrum naturae*), que, por sua vez, procede da Vontade desejosa, que brota na Liberdade eterna, no Sem-fundo, onde não se pode ter nem suportar conhecimento algum.

34. O segundo é o Mundo de Luz, que habita a Liberdade no Sem-fundo, fora da Natureza, mas procede do Mundo de Fogo. O Mundo de Luz recebe do Fogo sua vida e sensibilidade, habita o Fogo, mas o Fogo não o apreende. Esse é o Mundo do Meio [ou o Mundo do Centro].

35. No centro da Natureza, o Fogo, antes de inflamar-se,

produz o Mundo tenebroso; mas em sua inflamação, quando se separa do centro tenebroso, produz o Mundo de Luz. Em si mesmo, é apenas uma fonte e uma causa da vida.

36. No Mundo de Fogo há criaturas, mas como foram criadas da mesma essência ígnea e colérica, o Fogo não lhes causa dor alguma; para estas apenas a Luz causaria sofrimento. Não é este o caso dos demônios caídos, pois, tendo sido criados no Mundo de Luz, são as Trevas que lhes causam sofrimento. Para estes, o Fogo é um poder e uma força, pois é sua verdadeira vida, porém apenas conforme a essência ígnea das propriedades [ou qualidades] do centro da Natureza.

37. O terceiro é o Mundo Exterior, no qual habitamos conforme o corpo exterior, com obras e seres exteriores. Criado tanto do Mundo de Trevas como do Mundo de Luz, ele é bom e mau, severo e amável. Adão não devia comer dessa propriedade dupla, nem imaginá-la em seu coração, mas os três Mundos deviam estar ordenados nele, como em Deus, pois Adão foi criado de todos os três Mundos, numa inteira imagem e similitude de Deus.

38. Todavia, ele comeu do mal e do bem, e introduziu o exterior no centro, no meio, e agora é preciso que seja arrancado dali; pois uma separação tem de ocorrer, para que o exterior retorne a seu éter e o meio possa subsistir.

39. Então, se alguém vê um homem justo, pode dizer: "Vejo três Mundos existirem, ordenados, sem se deslocarem, sem se alterarem". Pois o Mundo Exterior é movido pelo corpo exterior, mas o corpo exterior não tem poder algum para mover o Mundo de Luz; o que fez foi apenas introduzir-se no Mundo de Luz, fazendo que a Luz se extinguisse no homem e o Mundo tenebroso permanecesse e se manifestasse nele. Na verdade, também o Mundo de Luz permanece, mas imóvel e oculto.

40. Todavia, se for um homem justo e regenerado, então a Luz o habita. Como a luz que penetra a água, fazendo que

sua essência se mova e cresça, assim é com o homem regenerado na Luz. E assim como não é possível mover a luz do Sol, tampouco é possível mover a Luz eterna ou o Mundo de Luz; esta permanece inalterada e brilha através de tudo que lhe seja suscetível, de tudo que seja sutil como um nada. Assim são o fogo e a água; embora tudo neles seja substancial, é como um nada em relação à substancialidade exterior.

41. Desse modo, cada Princípio obtém seu crescimento de si mesmo; e assim deve ser, do contrário tudo seria um nada.

42. O *Primeiro Princípio* é a raiz do Fogo, que cresce nessa raiz. Suas propriedades são adstringência, amargor, cólera e angústia, que crescem como veneno e morte na severa vida da angústia e, devido à força da atração, engendram em si as Trevas. Tais propriedades produzem o enxofre, o mercúrio e o sal. Contudo, não são as propriedades do Fogo que constituem o *sul* [o princípio luminoso] do *sulphur* (enxofre), mas sim a Vontade da Liberdade, enquanto o [Primeiro] Princípio [o *phur*, o princípio ígneo e tenebroso] permanece e cresce em si mesmo.*

43. É apenas o *phur* que constitui as propriedades [do Primeiro Princípio], isto é, a severidade [ou adstringência], o amargor, a cólera e a angústia. É a principal causa da vida e do ser de todas as coisas. Embora em si seja mau, [o *phur*] é o que há de mais necessário para a vida e a manifestação da vida; sem sua propriedade, vida alguma poderia existir, pois esse princípio é a raiz dos mundos interior e exterior: no interior é inapreensível, e no exterior é apreensível através da cólera.

---

* Segundo Boehme, "*sul* é a alma de uma coisa, é o azeite e a luz engendrados do *phur* (...) que é a primeira matéria, a força mais interior da fonte original da cólera, que tem em si a adstringência, o amargor, o fogo e a água" (cf. *Os Três Princípios da Essência Divina*, cap. 2:7-9).

44. Também o *Segundo Princípio* obtém de si seu crescimento; pois as propriedades do Fogo brotam em Luz, e a Luz transforma as propriedades coléricas em desejo de amor e alegria. Assim, a essência e propriedade do Fogo é totalmente transformada em Luz, de modo que da angústia e da dor advém um desejo amoroso, e da pungência [aguilhoante] e do dilaceramento, um doce e sensível entendimento.

45. Pois a Luz inflama as essências com a qualidade do amor, de modo que elas movem e dão crescimento às propriedades do espírito: vontade amigável, boas obras, virtudes, piedade, paciência no sofrimento, esperança na libertação do mal, testemunhar as maravilhas de Deus com desejo e alegria, tocar e cantar as obras e maravilhas de Deus, desejar sempre fazer o bem, desviar-se do mal e das maldades, desejar sempre conduzir seu próximo ao mundo de Luz através do amor, evitar os maus, subjugar perpétua e pacientemente as más inclinações, na esperança de delas ser libertado, regozijar-se na esperança daquilo que os olhos não vêem e a razão exterior não conhece, retirar-se incessantemente do mal e introduzir o desejo na essência divina, sempre desejando comer do pão de Deus.

46. Essas são as propriedades do novo homem regenerado pelo Mundo de Luz; esses são os frutos que o Mundo de Luz manifesta nele, mas que estão totalmente ocultos ao velho Adão. Eles mortificam incessantemente o velho homem deste mundo, pois estão num perpétuo combate com ele. Por isso esse velho Adão tem de seguir o novo homem como um jumento indolente, obrigado a carregar sua carga sempre fustigado por seu mestre. Assim o novo homem age com o velho, obrigando-o a fazer o que não faria de boa vontade. As alegrias deste mundo seriam muito agradáveis ao velho jumento, por isso ele tem de ser subjugado.

47. O *Segundo Princípio* também dá seu fruto ao *Terceiro Princípio*, isto é, penetra *o espírito do grande mundo* e o faz frutifi-

car, de modo a deter a *turba** exterior e interior: detém a cólera das estrelas e quebra a constelação [ou influência] dos espíritos e também a do céu firmamental; opõe-se à cólera do demônio e aos projetos dos homens maus, desde que haja santos que sejam instrumentos dignos dessa contraposição.

48. O *Terceiro Princípio* também tem seu crescimento: as estrelas e elementos são engendrados e criados a partir do Mundo Interior que juntamente com o Sol constituem o Terceiro Princípio. Pois os dois Mundos Interiores, o Mundo de Fogo e o Mundo de Luz, manifestaram-se através do Terceiro Princípio, onde tudo está mesclado: o bem e o mal, o amor e a inimizade, a vida e a morte. Nele, em toda a vida, há morte e fogo, e também um desejo de amor, tudo segundo as propriedades do Mundo Interior, de onde cresce um fruto duplo, bom e mal. Cada fruto tem uma propriedade dupla, que também se manifesta em todas as vidas deste mundo, de modo que há sempre um combate da cólera e da qualificação má contra o amor. Cada propriedade quer gerar e frutificar: o que o bom produz, o mau destrói; e o que o mau produz, o bom destrói. É uma guerra e combate contínuos, pois as propriedades dos dois Princípios interiores estão em movimento no exterior; ambos dão fruto no reino exterior e ambos querem ser soberanos.

49. O frio, proveniente do centro interior, quer ser soberano, e sempre se introduz na morte e desperta o aguilhão da morte; e o calor, proveniente do Fogo verdadeiro, também quer ser soberano e tudo submeter e consumir. Ele sempre

---

* Turba "é a adstringente cólera, um desejo no Fogo, uma fome devoradora, um eterno buscar" (*As quarenta questões sobre a alma*, 1ª questão, 239). "Na alma é um furor que se configura através da imaginação falsa ou do falso amor" (*op. cit.* Apêndice 20).

quer a nudez sem corpo, é um espírito que só deseja a vida do espírito. Ele dá ao frio o aguilhão, e muitas vezes o mata, obrigando-o a ceder e a entregar-se ao calor.

50. O Sol também quer ser soberano. Ele submete o calor e o frio, pois produz a luz, em sua resplendente doçura, e introduz um espírito doce, o ar, no esplendor da luz. Embora o fogo dê a força ao vento e o Sol produza um espírito doce, apropriadamente chamado ar, isso constitui uma só e única coisa, mas que tem duas propriedades: uma segundo o Fogo, isto é, uma terrível ascensão; e outra segundo a Luz, ou uma vida doce.

51. Assim, o Princípio exterior é uma guerra, um perpétuo combate, uma edificação e uma destruição. O que o Sol e a luz edificam é destruído pelo frio e completamente consumido pelo fogo.

52. Nesse combate, o crescimento manifesta-se numa plena disputa e desunião; um dá fertilidade à terra, outro a destrói e traga novamente.

53. Isso suscita a maldade e o combate em todos os animais, pois todos os animais e vidas deste mundo, exceto o homem, são fruto apenas do Terceiro Princípio; seu espírito e seu corpo são constituídos apenas do que provém deste Princípio, e tudo o que se move neste mundo, inclusive o corpo visível e o espírito sidérico ou astral [a alma psíquica e racional] do homem, na carne e no sangue, são fruto dessa essência e nada mais.

54. Uma vez que o homem também tem em si os dois Mundos interiores (que lhe dão o verdadeiro entendimento, discernimento e disposição, e que durante o tempo deste corpo terrestre e elemental também estão em combate), então deve saber que o Mundo que ele permitir que seja soberano o será eternamente. Durante este tempo ele pode quebrar essa soberania, mas não depois; pois quando o Mundo

exterior se quebra, tudo permanece em seu próprio éter.* A alma é livre, é o *punctum* ou ângulo,** e tem entendimento; pode ir aonde quiser e pode unir-se ao Princípio que quiser. Qualquer que seja o éter em que escolha entrar, ali permanecerá eternamente.

55. E assim entendemos o fundamento dos Três Princípios (como o fiel de uma balança); o que Deus e a Eternidade são e podem fazer; que crescimento cada [Princípio] produz em si e em sua propriedade; e como devemos investigar o fundamento (*grund*) da Natureza.

Assim a primeira parte ou *primeiro ponto* está terminado.

---

* Éter é o princípio imaginativo em que cada coisa consistiu antes de ter recebido sua forma.

** A alma é criada logo em seguida ao Fogo, que separa o Mundo de Trevas do Mundo de Luz, no ponto em que o espírito livre é engendrado; portanto, é o ponto de convergência e separação (o ângulo) dos dois mundos.

CAPÍTULO III

SEGUNDO PONTO

DA ÁRVORE MESCLADA DE BEM E MAL, ISTO É, COMO OS *TRÊS PRINCÍPIOS* VIVEM UM NO OUTRO. COMO SUAS VIDAS SE UNEM E CONCILIAM.

1. No reino de Deus, o Mundo de Luz, somente um Princípio é realmente conhecido; a Luz governa e as outras fontes e propriedades permanecem ocultas, como um mistério, pois todas devem servir e entregar sua vontade à Luz. Por isso, pelo desejo de Luz e amor, a essência colérica é transformada em Luz e doçura.

2. Embora as propriedades (adstringência, amargor, angústia e dor pungente) permaneçam eternamente tanto no Fogo como no Mundo de Luz, elas não se manifestam, são apenas a *causa* da vida, do movimento e da alegria.

3. O que no Mundo Tenebroso é dor, no Mundo de Luz é doce deleite; e o que na Treva é aguilhoamento e inimizade, na Luz é alegria ascendente; e o que na Treva é temor, terror e tremor, na Luz é um brado de alegria e um canto. E nada disso poderia ser se na origem não houvesse a ígnea e severa fonte [ou qualificação].

4. Por isso, o Mundo Tenebroso [o Primeiro Princípio] é o fundo e a origem do Mundo de Luz [o Segundo Princípio], e o mal é uma causa do Bem. E tudo é Deus.

5. Todavia, somente o Mundo de Luz chama-se Deus. O

Princípio [de separação e transmutação] entre o Mundo de Luz e o Mundo de Trevas chama-se cólera e severidade de Deus, e aqueles que o despertam, como os demônios e os homens maus, são abandonados pela Luz e caem no Mundo Tenebroso.

6. O Mundo Tenebroso chama-se morte e inferno, abismo e aguilhão da morte, desespero, inimizade a si mesmo, tristeza, vida de malícia e falsidade, onde a Verdade e a Luz são renegadas e desconhecidas. Ali habitam os demônios e as almas danadas, e também os vermes infernais que, no movimento do Soberano onipresente, foram figurados pelo *Fiat* da morte.

7. Pois, nas Trevas, o inferno tem a maior constelação da potência ígnea e severa. Nelas, tudo ressoa como um ruído hostil: o que na Luz é doce e suave, nas Trevas é um duro impacto. É como uma substância sobre a qual se desfere um golpe: ela ressoa conforme sua propriedade. Mas o som não é a substância: um sino que é tocado não é em si mesmo o som, mas uma dureza e uma causa da ressonância. O sino recebe o golpe, e desse duro golpe eleva-se a ressonância. Isso se dá porque no sino há uma substância que, no movimento de Deus onipresente, quando da criação deste mundo, foi encerrada na dureza. Isto pode ser constatado na tintura metálica, se não formos cegos nem loucos.

8. Assim, reconhecemos que no inferno, no abismo, há muitos e diferentes espíritos ou seres. Não apenas demônios, mas muitos vermes infernais, segundo as propriedades de sua constelação, e desprovidos de entendimento. Do mesmo modo que neste mundo há seres irracionais, assim também, no Mundo colérico, no abismo, há seres semelhantes; pois tudo o que desejou ser criatura substancializou-se, para que o espelho colérico também mostrasse suas maravilhas e se manifestasse.

9. Na verdade, os vermes infernais não têm sensação al-

guma de dor, pois são constituídos dessa mesma essência e propriedade; esta é a sua vida, cuja natureza está oculta ao Mundo Exterior. Mas o Espírito de Deus, que nos Três Princípios é em si mesmo a fonte [qualificação], conforme a propriedade de cada Princípio, é o único que conhece tal fato e o revela a quem lhe apraz.

10. Portanto, para entender de que maneira os Três Princípios se reúnem em Um, o Fogo deve ocupar a posição do meio, como a mais alta força, que dá a cada Princípio uma vida e um espírito que lhe correspondem. Por isso não há combate algum nos Princípios, pois o Fogo é a vida de todos os Princípios; ou melhor, é a causa da vida, não a própria vida. Ao abismo, o Fogo dá sua dor ou aguilhão, e também a cólera, de modo que a morte se encontra [e se muda] numa vida, do contrário o abismo seria um repouso; pois [o Fogo] é a vida do abismo, seu movimento e origem, do contrário o abismo seria uma eternidade tranqüila e um Nada.

11. O Fogo também dá sua essência ao Mundo de Luz, do contrário não haveria ali sensibilidade nem Luz, e tudo seria um. Todavia, fora do Fogo há somente um Nada, como um olho de maravilhas que não se conhece e não tem entendimento algum, num eterno ocultamento, onde nenhuma ação ou busca são possíveis.

12. O Fogo também dá sua essência e sua fonte [ou qualificação] ao Terceiro Princípio, o reino deste mundo, das quais advém a vida e crescimento. Toda a vida sensível e tudo o que dela decorre advém do Fogo. Nada sai da terra sem a essência do Fogo. Ele é uma causa de todos os três Princípios e de tudo o que pode ser nomeado.

13. Assim o Fogo faz uma reunião de todos os três Princípios, e é a causa do ser em cada um deles. Um Princípio não combate outro; apenas a essência de cada um deseja somente a si mesma, e esta sim está em contínuo combate em si

mesma, do contrário tudo não passaria de um tranqüilo Nada. Cada Princípio dá sua força e sua forma ao outro, e entre eles há uma contínua paz.

14. O Mundo Tenebroso tem a grande dor e a angústia, que engendram o Fogo, de modo que a Vontade aspira à Liberdade, e a Liberdade à manifestação, isto é, às essências. A Vontade da Liberdade entrega-se à cólera para que assim possa manifestar-se, e do encontro da cólera e da Liberdade provém o Fogo. Entrega-se à cólera também para ser tragada pela morte, mas sai da morte com as essências ali colhidas, em direção a sua própria esfera, isto é, a seu próprio Mundo, fonte ou qualificação, para habitar a si mesma, a Luz em si, inapreensível à morte e ao Mundo Tenebroso.

15. Assim, a morte e a cólera são uma mãe [*matrix*] do Fogo, e também uma causa do Mundo de Luz, e, além disso, uma causa de toda essência do Terceiro Princípio, uma causa de todas as essências em toda a vida. Como então um Princípio poderia combater outro, uma vez que cada um deseja ardentemente o outro?

16. Pois o Mundo angélico de Luz e também nosso mundo visível têm de ter a essência da morte e do Mundo Tenebroso como princípio de vida e qualificação. Por isso há uma fome insaciável.

17. Mas cada Princípio produz a fonte ou qualificação conforme sua propriedade. Ao mau dá seu bom, une-se a ele, e de três faz um; de modo que não há combate algum entre os Três Princípios. Porém, na essência há combate; e isso tem de ser assim, do contrário tudo seria apenas um Nada.

18. Mas de onde provém a inimizade? Da essência e das propriedades de cada Princípio, Deus fez criaturas, para que neles habitassem. Mas se elas não se atêm às suas propriedades, e, através de sua imaginação, introduzem outras em si mesmas, então isso torna-se uma inimizade e um sofrimento.

É o que se deu com o demônio e o homem caído; ambos saíram do Mundo de Luz: o demônio, movido pelo orgulho, em direção ao abismo da poderosa força colérica; e o homem, movido pelo desejo da ciência ou conhecimento múltiplo, atraído pelas maravilhas, em direção a este mundo.

19. Agora, o homem sofre tribulações, e combate para tornar a sair deste mundo, no qual entrou. No entanto, este o retém, pois quer possuí-lo; e se ele sai pela força, este mundo torna-se hostil a ele, fere-o, e não suporta acolhê-lo em si.

20. Eis por que os filhos deste mundo rejeitam, odeiam, combatem, humilham e matam os filhos da Luz, pois o espírito deste mundo os impele a isso. O demônio também os auxilia, pois sabe que este mundo está assentado no abismo, e receberá em seu reino os filhos deste mundo, quando da dissolução do Mistério Exterior. Por isso o demônio conduz os filhos da Luz para fora deste mundo, para que não venham a conduzir também os filhos deste mundo ao Mundo de Luz.

21. Se o homem tivesse sido criado para este mundo, ele [o demônio] o teria deixado em paz. Porém, o demônio deseja ardentemente retomar o assento real do qual foi expulso; e embora não possa obtê-lo, quer ao menos impedir que os filhos da Luz venham a possuí-lo e desfrutá-lo.

22. Ora, cabe ao homem considerar profundamente isso, e não ser tão cego. Cada homem entrou no mistério deste mundo, e não deve, como um prisioneiro, entrar também na atração terrestre do confinamento na morte, mas conhecer e reconhecer o mistério, e não ser o mocho e o louco do demônio. Ao contrário, deve continuamente dirigir-se, através da imaginação verdadeira, ao Mundo de Luz para o qual foi criado, para que a Luz lhe possa dar esplendor, e ele possa reconhecer-se e contemplar o Mistério Exterior. Então ele é um Homem, do contrário, é um louco do diabo e um macaco para

o Mundo de Luz. À semelhança de um macaco, que quer brincar com todas as coisas e a tudo imita, assim também o homem terrestre, que não passa de um macaco, faz do Mundo de Luz seu brinquedo. Se não o penetra e conhece realmente, mas apenas brinca com ele, o demônio dele escarnece e toma-o por louco, o que de fato é. Enquanto se prender com sua vontade ao exterior e considerar este mundo como seu tesouro, ele é apenas um homem animal [humanimal], um homem impregnado apenas da essência deste mundo e não da essência do Mundo da Luz de Deus. Entrega seu corpo a este mundo ou à terra, e sua alma ao abismo tenebroso.

23. Assim, damos a conhecer que na árvore dos Três Princípios todos se conciliam muito bem, mas não as criaturas, pois as criaturas [assim como as essências] de cada Princípio não desejam as de outro. Por isso há entre elas uma forte barreira, a fim de que umas não conheçam nem vejam as outras.

24. Porém, a inveja do demônio combate a espécie humana, pois esta apoderou-se do assento real do qual foi expulso. Por isso é dito: "Homem, busca-te a ti mesmo e vê o que és! Protege-te do demônio".

Assim chegamos ao termo do *segundo ponto*, que explica como os Três Princípios podem conciliar-se na unidade.

CAPÍTULO IV

TERCEIRO PONTO

Como oposição e contrariedade dão origem ao crescimento da vida: o combate da vida em si mesma.

1. O que é uno tem uma só vontade e não combate a si mesmo; mas quando numa coisa há muitas vontades, há também o combate, pois cada uma quer seguir seu próprio caminho. Todavia, se uma vontade é soberana e tem poder total sobre todas as outras, então poderá quebrá-las caso estas não se submetam. Assim, a existência da multiplicidade tem origem numa única Realidade, e a multitude das vontades está submetida àquela que é soberana.

2. Assim, damos a conhecer a oposição e a contrariedade que subsistem na vida, pois esta consiste de muitas vontades. Cada essência pode levar consigo uma vontade, e de fato leva. Pois adstringência, amargor, angústia e azedume são qualificações ou fontes em oposição: cada uma tem sua propriedade específica e é inteiramente contrária à outra. Assim, o Fogo é inimigo de todas as outras, e introduz cada fonte ou qualificação na grande angústia, pois há uma grande oposição entre elas. Cada uma se contrapõe à outra, como pode ser visto no calor e no frio, no fogo e na água, na vida e na morte.

3. De maneira semelhante, a vida do homem combate a si mesma. Cada forma [devido às suas propriedades ou quali-

dades] (e não apenas no homem, mas em todas as criaturas) combaterá a outra, a menos que as formas da vida encontrem um doce e amável soberano, que as submeta e possa quebrar-lhes a potência e a vontade. A soberana de todas as formas [e propriedades], que pode contê-las todas, é a Luz da vida. Todas devem dar à Luz sua vontade; e o fazem de bom grado, pois a Luz lhes dá a doçura e a força, de modo que, de adstringentes, severas, amargas e angustiadas, as formas são mudadas em completa amorosidade. Todas elas dão sua vontade à Luz da vida, e a Luz lhes dá a doçura.

4. Assim, a multiplicidade é mudada em unidade, isto é, em vontade unificada que chamamos mente (*gemüthe*), que é a fonte a partir da qual essa vontade pode extrair o mal ou o bem. Isso ocorre pela imaginação ou representação de uma coisa má ou boa; então, a propriedade da vida *qualifica-se* [mescla-se] com a propriedade substancializada pela imaginação. A propriedade da vida apreende a propriedade da coisa imaginada, seja uma palavra ou uma obra, despertando-a e inflamando-a em si e em todas as suas formas, de modo que elas começam a *qualificar-se* conforme a propriedade imaginada, e cada forma arde em amor ou cólera. Assim, a propriedade da vida introduz na mente o que foi apreendido pela imaginação.

5. E também damos a compreender que, quando a mente se inflama assim numa forma, inflama a totalidade do espírito e do corpo, e, introduzindo sua imaginação no fogo mais interior da alma, desperta o centro mais interior da Natureza. Quando este centro é inflamado, na cólera ou no amor, inflama todas as sete formas da Natureza, que buscam o espírito da vontade da alma celeste e eterna, onde está a nobre imagem [o Homem] pela qual Deus se manifesta, e ali introduzem seu fogo ardente. É o que pode ser visto no fogo: sua luz é análoga à matéria a partir da qual arde; o que é facilmente

observado na comparação da combustão do enxofre com a da madeira, e com a de muitas outras substâncias.

6. Através disso, entendemos que a propriedade do fogo é partilhada pela luz e pela força ou virtude da luz.

7. Portanto, uma vez que nossa nobre imagem de Deus reside na Luz da vida, no Fogo da alma, podemos compreender de que maneira o espírito da vontade da alma, a nobre imagem [divina do homem], pode tanto perder-se, adulterar-se e inflamar-se na fonte ou qualificação colérica, como também reconhecer-se e inflamar-se na fonte ou qualificação amorosa. E percebemos nossa miséria e o grande perigo que corremos, e compreendemos claramente por que Cristo nos ensinou a paciência, o amor e a doçura, a fim de que o Fogo de nossa alma não se inflame na cólera nem contribua para que isso ocorra à alma de outros, para que o reino de Deus não seja obstruído.

8. Reconhecemos aqui nossa dura queda, pois Adão introduziu uma matéria terrestre no Fogo de nossa alma. Esse Fogo arde no centro da propriedade colérica, por menos que esta qualificação seja despertada. Vemos assim que estamos aprisionados na cólera de Deus, entre a cólera e o amor, em grande perigo.

9. E nós te damos a conhecer isso profundamente. Tu sabes, pelo que foi exposto acima e em nossas obras anteriores, que do Fogo (como um Segundo Princípio) brota a Luz, que também tem em si a propriedade e a virtude do Fogo, pois o centro do Fogo introduz sua propriedade e virtude no centro da Luz. Sabes também que a Luz tem em si uma matriz desejosa, que atrai a virtude e a doçura da Luz e é fecundada pelo puro amor da Essência divina, gerando a substância da Luz.

10. Ensinamos que também o Fogo atrai essa essência, que é empregada na geração da substância de sua Luz. O Fogo impregna-se dessa essência, mas o que se produz é um outro

espírito que não o Fogo. Assim, o Fogo produz um espírito duplo: um colérico e devorador, propriedade da primeira matéria; e um espírito de ar, propriedade da doçura da Luz.

11. Devemos considerar aqui qual a *matéria* em que o Fogo arde na primeira essência. No que quer que o Fogo se inflame, no amor ou na cólera, no desejo divino ou no terrestre, tal será o Fogo e o Fogo de Luz, a partir do qual se produzirá uma Luz e um espírito de natureza semelhante.

12. Ora, se a matéria a partir da qual arde o primeiro Fogo é boa, então o segundo Fogo, o Fogo de Luz, tem uma propriedade, um aroma e uma qualificação boas; e este segundo Fogo, o Fogo de Luz, produz uma Luz boa e amável, e, a partir do centro da Luz, produz também um espírito bom e poderoso, que é a similitude de Deus, a nobre imagem.

13. Porém, se o primeiro Fogo é mau em sua essência e arde numa matéria má, então a Luz de vida tem uma qualificação falsa, um brilho sombrio, como pode ser visto na luz produzida pela combustão do enxofre *(sulphur)*. E o centro dessa Luz desejosa também produz, a partir de sua propriedade, uma matéria semelhante a seu Fogo, que por sua vez também produz de si um espírito semelhante.

14. Agora está evidente qual espírito pode ou não alcançar a Liberdade de Deus, pois o espírito da alma ou a imagem [divina do homem] que se introduz numa propriedade obscura e tenebrosa não pode alcançar a clara Luz de Deus. Uma vez que tem em si uma essência e propriedade coléricas, este espírito não pode unir-se à doçura de Deus e qualificar-se com ela, pois a cólera é uma inimizade contra o amor e a doçura, e o amor não suporta em si a cólera. Aqui eles são separados, e o amor expulsa de si a cólera, e a cólera não mais deseja a propriedade do amor.

15. Pois assim que o Fogo produz de si o espírito, ele é perfeito e divide-se em suas propriedades, seja um espírito de

Luz, seja um espírito tenebroso, colérico, sulfuroso. Ele deseja retornar à mesma essência da qual saiu, pois pertence a essa propriedade, seja o amor ou a inimizade pelo amor.

16. Assim, entendemos quais são os espíritos ou almas que vivem na qualificação da inimizade, e como a inimizade tem origem; e de que modo uma vida combate a si própria, desde a primeira matéria até a Luz da vida. A causa disso jaz na roda da Natureza, nos sete espíritos ou formas, cada um com suas propriedades ou qualidades específicas. A propriedade na qual a mente se inflama é introduzida no Fogo da alma e no espírito da vontade, que instantaneamente deseja o ser e a substancialidade [o corpo] necessários à realização daquilo de que o espírito da vontade foi impregnado.

17. Assim, é preciso quebrar o poder da vontade terrestre e matar o velho e mau Adão, e dirigir com força e severidade seu espírito de vontade para fora da maldade. Pois aqui, neste tempo, isso é possível, uma vez que, no Terceiro Princípio, a qualificação do centro [colérico] da Natureza interior é detida e aprisionada pela água, que tem entre suas propriedades a doçura.

18. Porém, quando o espírito da vontade da alma, ou o centro da Luz interior, se separa do mundo exterior e subsiste apenas em si mesmo, o espírito da alma permanece em sua propriedade; então há pouco remédio, a menos que, no tempo da vida exterior, o espírito da vontade se tenha voltado ao amor de Deus e dele tenha apreendido uma centelha em seu centro interior. Neste caso, algo ainda pode ocorrer; mas quanta angústia e trabalho são necessários para que a centelha de amor possa quebrar a tenebrosa e colérica morte! Grande é o purgatório: quanta inimizade, pavor e angústia a vida sofre até poder lançar-se com sua centelha de amor na Liberdade de Deus. Eis o que é experimentado por aqueles que partem deste mundo tão nus, com tão pouca Luz. O mundo presen-

te, que se considera tão sábio, tomará isso com escárnio, mas a verdade desse conhecimento será provada.

19. Assim também entendemos a queda do demônio, que era um anjo. Ele dirigiu sua imaginacão de volta ao centro da primeira propriedade,* buscando a grande força e poder [do Fogo] (do mesmo modo que este mundo busca poder e honra); desprezou a Luz do amor, supondo que assim a Luz teria de brilhar para ele (do mesmo modo que este mundo supõe que o espírito da Luz deve brilhar para servir à sua pompa); quis inflamar-se mais intensamente ainda para ver se poderia reinar sobre todos os tronos [angélicos] e sobre a Essência da Divindade [que reside] na doçura. Esta é a causa de sua queda, como também a do mundo atual.

20. Por isso cada homem deve aprender a preservar-se do orgulho e da cobiça, pois foram estes os desvios que levaram o demônio a inflamar em si o centro do Mundo tenebroso, causando assim sua queda. Por isso ele foi lançado do Mundo de Luz ao Mundo de Trevas. O mesmo ocorre a todo homem que sai da doçura e da humildade e entra na cólera, no orgulho, na cobiça e na inveja, pois desvia sua imaginação para o centro da Natureza tenebrosa, isto é, retorna à origem da Natureza, ao Fogo tenebroso, introduzindo e aprisionando a nobre imagem [o Homem] em outra qualificação; e ali permanece, na angústia e na inimizade, onde cada forma de vida combate a outra.

21. Vemos com clareza que o reino de Deus reside apenas na clara e branca Luz, na Liberdade, no amor e na doçura, pois estas são as propriedades da Luz de Deus. Isso também

---

* Pois Lúcifer "orgulhou-se de sua beleza e não se contentou em ser o mais belo, quis também ser o mais poderoso (...) Então retornou à Chama, pensando com isso apossar-se da sede do poder" (v. *A Aurora Nascente*, 12:100).

pode ser visto na Natureza exterior, pois o Fogo exterior (que é apenas a parte colérica do Fogo interior) precisa de uma matéria amável, doce e agradável para produzir uma agradável luz e bons aromas. Uma vez que tanto o Mundo tenebroso como o luminoso residem numa propriedade espiritual, o mesmo ocorre com o Fogo do espírito, embora de maneira mais sutil, pois não tem substância exterior ou tangível: nele os sete espíritos [ou formas] da Natureza produzem em si mesmos um Fogo [que não arde], que, na verdade, é apenas uma propriedade e uma qualificação de Fogo.

22. Além disso, o homem interior, que nasce no Eterno e caminha para o Eterno, tem em si apenas estes dois Mundos [interiores], e será introduzido num deles, onde permanecerá eternamente, conforme a propriedade para a qual se voltar: seja para a qualificação do amor, proveniente da doçura do Mundo de Luz, seja para a qualificação hostil, proveniente do Mundo tenebroso.

23. No mundo presente, o homem cresce e se desenvolve entre ambas as propriedades ou qualificações, entre o Mundo de Luz e o Mundo de Trevas. Ele pode entregar-se a qual delas quiser. A essência ou propriedade que nele obtém o domínio, a colérica ou a doce, apreende-o e conduz, determinando sua conduta e vontade, unindo-se inteiramente a ele, e é nela que o homem introduz o Homem espiritual, isto é, a imagem que Deus criou de Sua essência, a partir de todos os três Princípios.

24. Por isso é dito: "Toma a cruz sobre ti, caminha na paciência e na doçura. Não faças o que o centro tenebroso da cólera nem o que a falsidade e os prazeres deste mundo te impelem a fazer, mas quebra a vontade de ambos. Também não leves ninguém à cólera, pois se te conduzes de maneira má, incitas teu irmão à cólera e assim obstrúis o reino de Deus".

25. Deves conduzir os outros ao reino de Deus, inflamando

teu irmão com teu amor e tua doçura, para que ele possa ver em ti a Essência de Deus, como num espelho, e, através de ti, também a tome em sua imaginação. Se ages assim, conduzes tua alma e tua obra, como também teus próximos e teus irmãos ao reino de Deus, e através dessas obras e maravilhas amplias o reino de Deus. É isso que Cristo nos ensinou quando disse: *Se alguém te bate numa face, apresenta-lhe também a outra. Se alguém quer tirar-te a túnica, dá-lhe também teu manto* (Mat. 5:39-40), a fim de que, vendo tua doçura, ele reconheça que és um filho de Deus e que és conduzido pelo Espírito de Deus, e, tendo em ti um exemplo, aprenda contigo, busque-se e entre em si. Do contrário, se te opuseres com arrogância e maldade, a maldade dele será ainda mais inflamada e ele acabará por convencer-se de ter agido bem; enquanto que se reagires com doçura, ele terá de reconhecer que agiu mal para contigo e para consigo mesmo.

26. E do mesmo modo que o amor de Deus resiste a todos os homens maus e tira suas consciências do mal, tua doçura e paciência também se introduz nas más consciências, colocando-as diante do juízo da Luz de Deus. Assim, muitos homens maus saem da maldade, buscam-se e entram em si; pois o Espírito de Deus faz que, através de ti, se dêem conta da doçura, e com isso eles são conduzidos ao arrependimento e à penitência.

27. Não se deve entender com isso que simplesmente não nos devemos defender do assassino ou do ladrão; mas que, ao vermos alguém agir com injustiça, devemos colocar claramente sua falsidade diante de seus olhos, com uma boa luz, oferecendo-lhe a amorosa afeição cristã, a fim de que ele perceba que nossas palavras provêm de um amoroso zelo por Deus, e que o amor e a Vontade de Deus lhe seriam muito mais preciosos que as coisas terrestres, e não mais se permita fazer, ao menos não premeditadamente, nada que seja mal ou

provenha da cólera; e que veja que os filhos de Deus amam mais o amor de Deus, e a Ele estão mais ligados do que a todos os bens temporais, e que os filhos de Deus não têm morada neste mundo, mas são peregrinos que de boa vontade abandonam todas as coisas deste mundo para poderem herdar o reino do Céu.

28. O Espírito de Deus coloca tudo isso diante da luz da vida do malfeitor, e com isso exorta-o à conversão. Mas se ele não quer converter-se, então a cólera de Deus abre para ele o Fogo infernal que acabará por devorá-lo. Ou seja, se apesar disso ele não quer conhecer-se e arrepender-se, e persevera na maldade, então torna-se uma árvore totalmente má, crescida na cólera de Deus, e pertence ao abismo, ao Mundo angustiado, ao tenebroso deus Lúcifer, onde terá de devorar suas próprias abominações.

Isso basta para o *terceiro ponto*.

CAPÍTULO V

QUARTO PONTO

De que modo a santa e boa árvore da vida eterna cresce a partir dos *Três Princípios*, mas não pode ser apreendida por nenhum deles.

1. O que permanece em si, por nada pode ser apreendido, pois nada habita. Nada há diante dele que possa apreendê-lo, pois está livre do que quer que esteja fora de si.

2. Assim devemos entender a Luz divina: ela habita a si mesma e por nada é apreendida. Nada a toca, exceto sua propriedade. Na Natureza, a Luz está em toda parte, contudo a Natureza não a toca. Ela brilha como o Sol nos elementos. O Sol brilha na água e no fogo, e através do ar; no entanto, não é apreendido nem retido por nenhum deles. O Sol dá a força a todos e torna alegres e amáveis os espíritos das essências. Com sua força, ele atrai as essências para fora da terra, e não apenas as essências, mas também a substância das essências, a partir da qual ele produz um corpo.

3. Ora, o que o Sol faz no Terceiro Princípio, transformando todas as essências e qualificações hostis em doçura, a Luz de Deus o faz nas formas da Natureza eterna.

4. A Luz brilha nas formas e também além das formas, isto é, ela inflama as formas da Natureza, de modo que todas rece-

bem a Vontade da Luz, entregam-se e unem-se inteiramente à Luz; isto é, elas precipitam-se para fora de suas próprias essências e tornam-se como que impotentes em si mesmas, e desejam apenas a força e virtude da Luz. Assim a Luz toma em si a força e a virtude das formas, e brilha a partir delas. Assim todas as formas da Natureza chegam à Luz, constituindo uma única vontade, na qual a Luz permanece soberana.

5. Por outro lado, se as vontades das severas formas da Natureza querem a soberania, há então uma separação e uma eterna inimizade, pois cada forma combate continuamente as outras; cada uma delas se exalta, donde advém a oposição, tornando assim a criatura má, colérica e hostil, cuja vida freqüentemente está em inimizade para consigo mesma.

6. Do mesmo modo que vemos a Luz vir em auxílio da severa vida da Natureza, das propriedades das essências, para criar uma vida alegre, que se transformará em Luz, também vemos que a vida da tenebrosa severidade é inimiga da Luz, pois não pode apreendê-la. A Luz eterna brilha através das trevas, e as trevas não podem apreendê-la [João 1:5]; pois na Natureza tenebrosa as múltiplas vontades estão todas encerradas na morte, a Luz não brilha nelas, mas através delas, e elas não apreendem nem vêem a Luz. Embora a Luz esteja no Mundo tenebroso, ela não preenche as trevas; por isso as essências do Mundo tenebroso continuam sendo um veneno e uma morte, onde as essências combatem-se a si mesmas.

7. Assim os Três Princípios estão imbricados uns nos outros, mas nenhum compreende os outros; e a Luz eterna por nada pode ser apreendida, a menos que, como um nada, se entregue à morte e dê voluntariamente suas essências ao Fogo da Natureza, saia de si com sua vontade essencial e entre na Luz, abandonando-se inteiramente à Luz, e não deseje querer nem fazer coisa alguma, mas entregue sua vontade à Luz para que esta seja sua vontade.

8. Então a Luz o apreende e por ele é apreendida; e assim a vontade má é entregue à Luz, que ilumina com sua virtude a maldade e faz dela uma vontade amigável e boa, agora tornada um desejo de amor, pois a vontade hostil foi incorporada inteiramente à doçura da Luz.

9. Assim cumpre-se a Vontade de Deus: o mal é mudado em bem, e o amor de Deus, que brilha desde sua cólera e severidade, não manifesta mais cólera alguma na Natureza eterna de Deus. Assim entendemos como a Luz eterna ou a árvore da virtude eterna brilha através dos Três Princípios sem por eles ser apreendida. Enquanto uma essência estiver fora da Vontade de Deus, a doce Vontade da Luz, ela é solitária e habita apenas a si mesma e nada compreende de Deus; porém, ao unir-se a Deus, ao deixar que sua vontade seja quebrada e rebaixada, essa essência torna-se um único espírito em e com Deus, e Ele brilha através dela.

10. E entendemos a razão de as almas más e os demônios não verem nem conhecerem a Deus: eles não querem unir sua vontade a Deus, mas querem ser eles mesmos soberanos. Assim permanecem sem Deus, apenas em si mesmos, e Deus também permanece em Si. Um está no outro, mas nada conhece do outro, pois um volta as costas ao outro e dele não vê a face.

11. Assim o Mundo de Luz nada sabe dos demônios, e estes nada sabem do Mundo de Luz, exceto pela lembrança de que outrora estiveram nele. Eles concebem isso como que pela imaginação, embora o Mundo de Luz não mais se entregue à imaginação deles, e eles tampouco possam dirigir sua imaginação ao interior do Mundo de Luz, pois este os apavora e lhes revela sua ignomínia, o que lhes incita a vergonha.

12. Devemos entender de maneira semelhante o mundo exterior [o Terceiro Princípio]. A Luz de Deus brilha através dele, mas ali só é apreendida por aquilo que se une a ela.

Portanto, como o mundo exterior é mudo, surdo e sem entendimento no que diz respeito a Deus, permanece em sua vontade própria e em seu próprio espírito, embora Deus lhe tenha dado um deus natural, o Sol, em direção ao qual toda essência neste mundo deve lançar sua vontade e seu desejo; e aquela que não o faz permanece em si mesma, tornando-se uma grande maldade e uma inimiga de si mesma.

13. E o que faz este mundo ser reconhecido como um Princípio particular, é o fato dele ter recebido um deus natural particular, o Sol. Todavia, a Luz da Divindade brilha através de tudo, pois a luz do Sol recebe sua essência do Fogo de Deus, e o Fogo de Deus recebe sua essência da Luz de Deus. A luz do Sol, por sua vez, dá essa virtude aos elementos, e estes a dão às criaturas e plantas da terra. Assim, tudo o que é de uma propriedade boa recebe a virtude ou força de Deus por um vislumbre no espelho da Sabedoria, do qual recebe seu crescimento e sua vida.

14. Pois Deus está presente a todos os seres, mas nem todos O recebem em suas essências, mas apenas um reflexo de [Seu] olhar, através da força ou virtude do Sol. Pois o Sol tem sua raiz no oitavo número, que é o Fogo de Deus,* do qual recebe seu esplendor. Embora seu corpo esteja neste mundo e seu desejo esteja dirigido a este mundo, e brilhe neste mundo, sua primeira raiz está no Fogo de Deus, proveniente do Mundo tenebroso. O Fogo de Deus dá sua essência ao

---

* Na perspectiva (ascendente) do mundo exterior, o oitavo número é o Fogo de Deus, pois está além das sete primeiras formas, forças ou propriedades, correspondentes aos sete planetas, que constituem o cosmos do mundo exterior. É portanto o limiar entre este mundo e o mundo divino. Note-se, porém, que, na perspectiva (descendente) do Princípio em direção à manifestação, o Fogo de Deus é a quarta forma ou número, antecedida pela adstringência, pelo amargor e pela angústia.

desejo do Sol, que por sua vez dá sua força à essência deste mundo, com a qual preenche todos os seres, assim como a Luz de Deus preenche o Mundo luminoso e divino. Se o Fogo de Deus deixasse de brilhar, tanto o Sol como o Mundo luminoso e divino se extinguiriam, pois o Fogo de Deus dá essência a ambos e é Princípio de ambos. E também se o Mundo tenebroso não existisse, ambos não existiriam, pois o Mundo tenebroso é Princípio do Fogo de Deus.

15. Por isso os três Mundos têm de estar uns nos outros, pois nada pode subsistir sem um fundamento ou base: O Mundo tenebroso é o fundamento (*grund*) da Natureza; a insondável Vontade eterna, que se chama Pai, é o fundamento do Mundo tenebroso; e o Mundo de Luz está oculto no Mundo tenebroso, assim como o Mundo tenebroso no Mundo de Luz.

16. É preciso entender isso da seguinte maneira: este mundo está encerrado na cólera de Deus e na morte, pois a cólera cresce na essência deste mundo. Se isso não ocorresse, a essência deste mundo poderia apreender a Luz de Deus.

17. Este mundo recebe apenas um reflexo de Deus através da força ou virtude do Sol. O Sol resplandece na essência dos elementos, mas não é a Luz de Deus, pois não reflete inteiramente a Luz da essência divina. O Sol tem por raiz o Fogo de Deus, mas é preenchido pela essência deste mundo. Seu desejo é uma atração mágica, que recebe a força ou virtude dos elementos e das estrelas em sua imaginação; portanto, seu brilho provém tanto da força dos elementos, como também da essência divina.

18. Embora sua raiz seja o Fogo de Deus, o Sol não pertence ao reino de Deus. Pelo mesmo princípio, compreendemos que o demônio é a mais miserável das criaturas: ele não pode tocar uma folha sequer, a menos que a cólera esteja no interior dela, pois só pode mover o que participa da propriedade

colérica. A luz e a virtude deste mundo lhe são contrárias: ele não entra com sua vontade na propriedade da luz, nem é capaz de fazê-lo. Ele recua ante a luz, a figura e a propriedade do Sol, e combate tudo o que se une ao Sol e cresce na virtude de sua luz.

CAPÍTULO VI

1. Ao considerarmos tudo isso, o Mundo interior e este mundo visível e exterior, entendemos que a essência deste mundo proveio da atração ou desejo do Mundo interior. Além disso, encontramos as propriedades dos dois Mundos interiores [o de Trevas e o de Luz] no exterior, e vemos que ambas se movem e se manifestam nele; vemos também que, neste mundo, o bem ou a essência que proveio do Mundo de Luz está encerrado na cólera e na morte, e que a força ou virtude divina move todas as coisas, de modo que tudo cresce na e através da cólera.

2. A *tintura terrestre* não participa de modo algum da *tintura celeste* do Mundo de Luz. No entanto, encontramos na terra uma *tintura* que participa da celeste, aquela que está oculta nos metais preciosos.

3. Entendemos assim o movimento e o *Fiat* dos dois Mundos eternos, o tenebroso e o luminoso: ambos desejaram manifestar-se, e como um Mundo não podia mover-se sem o outro, em Seu único movimento, Deus moveu tudo de uma só vez.

4. Pois um Mundo não está separado do outro: o Mundo tenebroso contém o primeiro centro da Natureza [o Fogo], e o Mundo de Luz contém o segundo centro, isto é, o Coração de Deus ou a Palavra de poder da Divindade.

5. Posto isso, devemos reconhecer o perigo em que vivemos e pensar onde nos devemos lançar com nossa vontade. Pois se nos lançamos na atração terrestre, ela nos captura, de modo que a qualificação do abismo se torna nossa soberana e o Sol nosso deus temporal.

6. Todavia, se nos lançamos com nossa vontade para fora deste mundo, então o Mundo de Luz captura nossa vontade e Deus torna-se nosso senhor. Então abandonamos a vida terrestre deste mundo, levamos conosco tudo o que em nós (em Adão) proveio do Mundo de Luz, e isso é conduzido para fora deste mundo junto com a vontade, que se torna um espírito com Deus.

7. A razão pergunta: "Onde estão os três Mundos? Têm eles uma separação absoluta, de modo que um está fora ou acima do outro?" Isso não pode ocorrer, pois a eterna e insondável Essência não pode subdividir-se. — "Mas de que modo o que é um Nada, que não está em lugar algum, enfim, o Todo, pode separar-se?" — De fato, o que não tem Fundo, que não pode ser apreendido, que habita e possui a si mesmo, não pode entrar numa existência particular, mas sai de si e manifesta-se fora de si.

8. O Eterno Sem-fundo manifesta-se para fora de si, e de si produz o que em si é apenas uma vontade. Em si, é apenas um espírito, mas produz exteriormente uma similitude do espírito, e a similitude produz um ser conforme a propriedade do espírito. Assim, este mundo é uma substância ou ser, e o espírito interior o possui. Está em todo lugar (*locus*), e no entanto lugar algum o possui, mas é por ele possuído; o lugar (*locus*) nada conhece dele, mas o sente, pois ele é a virtude e o espírito no lugar. A vontade do espírito interior está além do ser e o transpassa; o ser não tem olho para vê-lo, pois ele próprio é a visão e o lugar; em si mesmo, ele é lugar algum, mas produz para si um lugar insondável, além de qualquer medida. Ele é tudo, e no entanto, se comparado ao exterior, é semelhante a um Nada. O que ele produz de si, ele também possui; não está no interior de lugar algum, mas está no interior do lugar antes do ser manifestar-se e ocupar o lugar. O ser apreende tão somente um brilho de sua vontade, e o

lugar contém apenas o reflexo de sua vontade: como alguém que vê sua forma num espelho, e não pode apreendê-la; ou como luz do Sol, que não é apreendida pela água, que no entanto a sente e recebe seu esplendor; ou como a terra, que recebe a força ou virtude do Sol e com isso dá frutos. Assim Deus habita a todos os seres e a tudo permeia, e por nada é apreendido ou possuído.

9. E assim como compreendemos que a terra tem uma grande fome e um grande desejo da virtude e luz do Sol, atraíndo-as para si (o que não poderia ocorrer sem o desejo), assim também a essência exterior tem fome da interior, pois dela é proveniente. Assim a natureza exterior recebe em si a forma da interior como um reflexo de sua virtude, pois a natureza exterior não pode apreender o espírito interior, uma vez que este não habita propriamente o exterior, mas possui a si mesmo no exterior.

10. Através do espelho, a natureza exterior recebe a forma ou similitude do espírito, como a água à luz do Sol. Não devemos pensar que o interior está longe do exterior, como o corpo do Sol em relação à água, embora nem isso seja assim, pois o Sol não está longe da água, uma vez que esta tem em si a propriedade e a essência do Sol, do contrário não poderia apreender sua luz. Embora o Sol seja de fato um corpo, ele também está na água, mas não manifesto; mas através do corpo o Sol, a essência manifesta-se na água. E é preciso que saibas que o mundo inteiro seria um sol se Deus quisesse inflamá-lo e manifestá-lo dessa maneira, e seu lugar (*locus*) se estenderia por todos os lugares, pois neste mundo ele é um espelho em todos e para todos, de modo que a virtude e forma do Sol possam ser apreendidas por tudo o que é animado e inanimado, por todos os quatro elementos, suas essências e substâncias.

11. O mesmo ocorre com o Mundo interior de Luz. Ele habita o mundo exterior, e este recebe a virtude interior, que

cresce na virtude exterior. Porém, esta nada conhece da interior, apenas sente sua virtude, mas não pode contemplar a Luz interior: recebe em seu espelho de vida apenas um reflexo dela, pois a virtude ou força interior produz uma similitude de si na forma exterior.

12. Assim devemos compreender o Homem: ele é o Mundo interior e exterior, e também o Mundo tenebroso (e a causa do Mundo interior em si mesmo). Ele é todos os três Mundos, e se ele os mantém na justa ordem, não introduzindo e misturando um Mundo em outro, ele é então a Imagem de Deus.

13. Ele deve introduzir a similitude ou o espelho do Mundo de Luz neste mundo exterior e também no mais interior Mundo tenebroso, e nesse espelho refletir a virtude do Mundo do Meio ou de Luz; então ele é fecundado pela Luz divina, pois a essência não apreende propriamente a Luz, mas apenas a virtude ou força da Luz. Todavia, o espelho da virtude apreende a Luz, como a água apreende o Sol, pois, comparada à terra, a água é um claro espelho.

14. Porém, se a água é misturada à terra, não mais apreende a luz do Sol. O mesmo se dá com a alma do homem: ela só apreende a Luz de Deus se for pura e colocar seu desejo no que é puro, isto é, na Luz, pois o que a vida imagina é por ela apreendido [e vice-versa]. A vida do homem é a similitude dos dois Mundos interiores: se a vida deseja ou imagina o *sulphur* (enxofre) para si, então o *phur* [o princípio ígneo e tenebroso] é separado do *sul* [o princípio luminoso e aquoso], e este torna-se sua treva e obscurecimento; mas se deseja ou imagina apenas o *sul*, então recebe a virtude da Luz, e nesta virtude estão a Luz e suas propriedades. Pois no *phur*, na Natureza colérica, a vida não pode permanecer clara como um espelho, mas no *sul* pode. Pois a vida do homem é um verdadeiro espelho da Divindade, no qual Deus contempla a Si mesmo. Ele dá seu esplendor e virtude ao espelho huma-

no, e encontra a Si mesmo no Homem, como também nos anjos e formas celestes.

15. A essência do Mundo de Luz é esse *encontrar* a si mesmo e sua manifestação, e a essência do Mundo tenebroso é sua *perda*. Ele não se vê no Mundo tenebroso, onde não há espelho suscetível à Luz. Todo desejo ou imaginação que se dirige à essência e propriedade do Mundo tenebroso, apreende a propriedade do Mundo tenebroso e perde o espelho de Deus, pois é totalmente impregnado da tenebrosa cólera. É semelhante à água misturada à terra: o Sol não pode brilhar ali, pois a água perde o espelho do Sol; portanto a terra deve ser novamente separada da água, do contrário esta nunca mais será um espelho do Sol, e ficará presa à terra colérica e tenebrosa.

16. Assim é a vida do homem. Enquanto imagina no Espírito de Deus, recebe a virtude e a Luz de Deus e conhece Deus; mas se imagina na terrenidade, ou na propriedade do Mundo tenebroso, recebe a essência da terrenidade e também a do Mundo tenebroso, e por elas é preenchida. Então o espelho da vida é encerrado na treva, perde o espelho de Deus e tem de ser engendrado uma segunda vez.

17. Reconhecemos, assim, que Adão manchou de terra o espelho puro, perdeu a virtude e a Luz de Deus; e que Cristo, o Filho de Deus, com sua força, restaurou o espelho da Divindade e dissipou a treva terrestre.

18. Reconhecemos também que a árvore sagrada cresce em todas as coisas e seres, e por nada é apreendida, exceto no espelho da pureza, isto é, na vida pura do homem que deseja a vida dessa árvore, que não pode ser apreendida por nenhuma vida tenebrosa.

Tal é o *quarto ponto*.

CAPÍTULO VII

QUINTO PONTO

COMO UMA VIDA PODE PERECER NA ÁRVORE DA VIDA; COMO PASSA DA FONTE OU QUALIFICAÇÃO DO AMOR E DA ALEGRIA À QUALIFICAÇÃO DO SOFRIMENTO, QUE É CONTRÁRIA A TODAS AS OUTRAS VIDAS.

1. Toda vida é um vislumbre e um espelho, e mostra-se como um relâmpago de terrível aspecto. Porém, se esse relâmpago apreende a Luz, muda-se em doçura e deixa o terror, pois a explosão do relâmpago une-se à Luz. Assim a Luz resplandece a partir do relâmpago, pois ele é a essência da Luz, isto é, seu Fogo.

2. O relâmpago contém o centro da Natureza, e é a quarta forma da Natureza, donde se origina a vida que, no Fogo fixo e constante, como no Princípio, alcança a perfeição e se estabelece na Luz, isto é, em outra qualificação.

3. A origem da imaginação [a atração mágica] está na primeira forma da Natureza, isto é, na desejosa adstringência. A imaginação conduz essa forma [a adstringência] através do Mundo tenebroso até chegar ao Fogo. Esse primeiro desejo produz e atravessa todas as formas [ou qualificações, tais como o amargor e a angústia], até alcançar o Fogo, o limite de separação do espírito, onde este é engendrado. Só o espírito é livre, pois, através de sua imaginação, ele pode retornar à sua matriz, o Mundo tenebroso, ou lançar-se adiante, para a an-

gústia do Fogo, e, atravessando a morte, florescer na Luz. Tudo depende de sua vontade; sua é a escolha. Aonde quer que se dirija, lá se estabelecerá e buscará substância, pois seu Fogo necessita algo para consumir.

4. O espírito pode alimentar-se do que desejar: seja de sua primeira matriz, a adstringência (tomando a essência colérica como alimento de seu primeiro Fogo), seja da essência da Luz, do Mundo de Luz. O que quer que o Fogo do espírito receba, nessa propriedade ou qualificação ele arderá.

5. Na propriedade tenebrosa, ele arde na qualificacão tenebrosa, severa e adstringente, e vê em si apenas um relâmpago, tem apenas o espelho das trevas e vê nas trevas; e na propriedade da Luz, ele apreende a doçura da Luz, na qual brilha o Fogo de Luz, e vê no Mundo de Luz. Para o espírito tudo está perto, contudo ele só pode ver no Mundo ou propriedade em que seu Fogo arde, e de outros nada vê; estes lhe permanecem eternamente ocultos, pois não tem olho algum para vê-los. Mesmo que outrora tenha pertencido a outro Mundo, mas o tenha perdido, entregando-se a outro Fogo, terá apenas um vago conhecimento do mundo abandonado. É o que ocorre com os demônios, que têm, de fato, conhecimento do Mundo de Luz, mas não têm sensação nem visão dele. O Mundo de Luz está junto deles, e no entanto eles não o vêem.

6. É assim que devemos entender o perecimento da vida, que ocorre no Primeiro Princípio, onde está o ângulo [de convergência dos dois Mundos interiores], a dobradiça [da porta para os dois Mundos interiores], da qual a vontade pode lançar-se para onde quiser. Se quer lançar-se na multiplicidade e ser ela própria soberana, irá apreendê-la na severa e tenebrosa adstringência, no Mundo tenebroso. Se quer lançar-se no Nada, na Liberdade, tem de entregar-se ao Fogo, precipitar-se na morte do Primeiro Princípio e, a partir da angústia

do Fogo, nascer na Luz. Pois quando a vida abandona a si mesma, a Vontade eterna que se dirige à Natureza (Deus Pai) a conduz em si através do Fogo; então a vontade da vida sai da primeira Vontade (que se dirige à Natureza) e é conduzida para fora da Natureza pela segunda Vontade (o Filho ou Coração), que a estabelece na Liberdade, fora da qualificação do Fogo. Ali, ao invés da multiplicidade, ela recebe tudo na unidade, para a glória e o poder de Deus, pois Ele é sua vontade e ação.

7. Quem quer ser soberano no Fogo vai em direção ao próprio número, à essência de si mesmo. Mas quem abandona seu poder, abandona também seu Fogo ardente, e cai em poder da causa do Fogo, isto é, a Vontade eterna de Deus.

8. Cai na Liberdade, fora de sua qualificação ígnea, e a Liberdade reacende seu Fogo, agora tornado Luz; obtém então um claro espelho, pois entregou-se à Liberdade, a Deus, e seu Fogo é Luz e reflexo da Majestade de Deus.

9. Quem não age assim e quer ser ele mesmo o soberano, permanece apenas em sua propriedade e não pode conduzir a si mesmo para além do Fogo, ou melhor, sequer ao Fogo, mas apenas ao relâmpago de Fogo, pois nenhum Fogo claro e constante pode arder neste ser, uma vez que não tem em si nenhuma substância clara para alimentar o Fogo: o centro da Natureza nada tem em si que possa produzir a clara luz. Somente a Liberdade, para além da Natureza, pode produzir a clara luz: tudo o que, estando na Natureza, abandona a si mesmo e não deseja a propriedade da Natureza, e sim a da Liberdade, é por esta inflamado em seu relâmpago de vida, do mesmo modo que o Segundo Princípio é inflamado desde toda a eternidade.

10. Assim, compreendemos como uma vida perece, como ela se introduz na angústia e no tormento das trevas quando quer ser sua própria soberana e deseja a multiplicidade, e

como deve entregar-se à morte para alcançar o outro Mundo.

11. Pois, na Natureza, toda vida nasce na qualificação da angústia, e não tem em si Luz alguma a menos que entre naquilo que deu origem à Natureza, onde a vida recebe a Luz.

12. Tudo o que está na Natureza está nas trevas e na angústia. É o que pode ser visto neste mundo, pois se o Sol fosse extinto, haveria apenas angústia e trevas; por isso Deus moveu-se para dar uma luz a este mundo, a fim de que a vida exterior estivesse na luz.

13. Todavia, para a vida interior da alma a luz tem outra forma. Essa vida exterior não pode alcançar a interior. Se o Fogo da alma não tivesse a Luz de Deus, nem a vontade da alma pudesse alcançar a Luz de Deus, teria de permanecer nas trevas da Natureza eterna.

14. Eis o que a razão exterior pensa: "É bom e suficiente que o olho exterior veja, pois nenhuma outra visão é possível". Na verdade, não é bom nem suficiente, pois é muito ruim que a pobre alma se apóie apenas no espelho exterior e só dele receba auxílio; pois quando o espelho exterior se quebrar onde ficará sua visão? Com o que verá então? Com o terrível relâmpago de Fogo, no sofrimento e nas trevas, pois nada mais poderá ver.

15. Por isso, quando a pobre alma cativa se contempla em sua raiz interior e pensa no que deverá ocorrer quando seu espelho exterior se quebrar, ela se apavora e cai no temor e na dúvida.

16. Pois ela não pode ver onde está seu repouso eterno, mas percebe que em si mesma ela é uma completa inquietude, e também uma treva, pois tem o espelho exterior apenas por empréstimo.

17. Enquanto a alma está neste corpo exterior, ela pode muito bem ser auxiliada pelo espelho do Sol, uma vez que ele tem em sua raiz o Fogo interior, o Princípio do Pai. Desse Fogo a

alma recebe um brilho ou reflexo no espelho da essência do corpo, para que com isso possa ter alegria neste corpo terrestre e corruptível; mas quando o espelho exterior se quebra, a alma percebe que está do lado de fora, e o Fogo da alma vai para a sua eterna morada de tristeza, ou ao centro da treva.

18. No tempo do corpo exterior, a alma tem três espelhos ou olhos, provenientes de cada um dos três Mundos. O espelho para o qual se volta, é através desse que ela vê. Todavia, por direito de natureza ela tem apenas um, a saber, o relâmpago de Fogo, a quarta forma do Mundo tenebroso, onde os Princípios se originam, isto é, onde os dois Mundos interiores se separam, um em direção às Trevas, outro em direção à Luz. Aí também está a eterna origem da alma. O Mundo no qual ela introduz sua vontade, deste recebe a substância, isto é, o corpo espiritual, e tal substância é o alimento para o Fogo da alma, a matéria para sua combustão.

19. Por isso Deus introduziu a alma na carne e no sangue, a fim de que não fosse facilmente suscetível à essência colérica. Assim, durante seu tempo neste mundo, ela tem seu deleite no espelho do Sol e se regozija na essência sidérica ou astral. Nela estão o Mundo de Luz, em seu verdadeiro Fogo; o Mundo tenebroso, na raiz de seu Fogo; e o mundo exterior, elemental, na qualificação das estrelas. Em meio a esses três Mundos move-se o grande mistério do Fogo da alma.

20. O Mundo ao qual a alma se une e se entrega, deste recebe a substância em sua imaginação. Porém, uma vez que, em Adão, a alma se voltou ao espírito deste mundo e ali introduziu sua imaginação, seu mais forte desejo ainda está na qualificação do Sol e das estrelas; assim, com a substância dos quatro elementos da qual está impregnada, ela atrai o espírito do mundo exterior, fixando-o em si, e tendo nele sua maior alegria. Assim a alma é hóspede num estranho albergue, e corre grande perigo, pois está suspensa sobre o abismo.

21. Então a razão exterior pergunta: "Uma vez que Deus criou a alma na carne e no sangue do mundo exterior, que mal este pode fazer a ela?" Ora, a razão exterior sabe tanto da origem da alma quanto uma vaca de uma nova porta colocada em seu estábulo: ela olha essa porta e esta lhe parece estranha. Assim, para a razão exterior, também o Mundo interior parece estranho.

22. A razão está no mundo exterior e deseja o que está nele. Contudo, ela encontra em si também o Mundo interior, que contínua e severamente denuncia a alma à cólera de Deus; ademais, também encontra em si o Mundo de Luz, ao qual se dirigem os desejos interiores da alma. Na verdade, ela sente o desejo por Deus, mas o mundo exterior o obstrúi e encobre, de modo que esse desejo pelo Mundo de Deus não pode acender nela o Fogo. Se isso ocorresse, o Mundo de Luz se manifestaria no Primeiro Princípio e a nobre imagem de Deus [o Homem] seria revelada.

23. E também o demônio o obstrúi, pois tem acesso à raiz deste mundo no Fogo da alma. Ele sempre coloca as más essências terrestres ante a alma, ou move e desperta a cólera na raiz deste mundo, o centro da Natureza, de modo que a pobre alma se inflama, seja no Fogo da cólera, na qualificação do veneno maligno, seja na angústia e na dúvida do Amor de Deus. Se o demônio consegue subjugar a alma e lhe apresenta o poder exterior, a autoridade, a honra, como também o esplendor e a pompa do mundo exterior, ela morde a isca e ali deleita sua imaginação, sem no entanto poder desfrutar de tais coisas, pois são apenas reflexos num espelho emprestado.

24. A pobre alma é assim puxada para fora da Luz de Deus e lançada na perdição, na tenebrosa casa do sofrimento, isto é, no Mundo tenebroso. Foi o que Adão nos preparou ao introduzir seu desejo na terrenidade. Por isso a pobre alma está agora imersa na carne e no sangue terrestres, comendo conti-

nuamente da árvore da tentação do bem e do mal, e sendo fortemente atraída por ambos; a monstruosa serpente está ao meio, na qualificação da cólera, soprando e instigando incessantemente o Fogo da severidade e da cólera.

25. Então o nobre ramo do lírio [a nobre imagem, o corpo celeste] não consegue restabelecer-se ou reconhecer-se em lugar algum; muitas vezes ele é oprimido pela cólera da maldade, como se tivesse sido totalmente perdido, e de fato estaria perdido se o espelho da Divindade não permanecesse diante dele, no qual o espírito da vontade da alma cativa pode recompor-se e regenerar-se.

26. Pois no espelho do Mundo de Luz a encarnação do Cristo está diante do espírito da alma, e a Palavra que se fez homem está em som e movimento. Ali o espírito da alma pode recompor-se e regenerar-se. Infelizmente, o que costuma ocorrer é bem o contrário: a pobre alma batiza-se na cólera e no veneno do Mundo tenebroso.

27. Assim entendemos o âmago da destruição e perda da nobre árvore, isto é, da imagem de Deus.

28. O homem é, em sua essência, os três Mundos. O centro da alma (a raiz do Fogo da alma) contém o Mundo tenebroso; o Fogo da alma contém o Primeiro Princípio (o verdadeiro Mundo de Fogo); a nobre imagem, a árvore do crescimento divino (que é engendrada do Fogo da alma e, através da morte colérica, cresce na Liberdade, no Mundo de Luz), contém o Mundo de Luz, o Segundo Princípio; e o corpo (que no início foi criado do Mundo de Trevas, do Mundo de Fogo e do Mundo de Luz, isto é, da substância mista empregada na Criação deste mundo) contém o mundo exterior, o Terceiro Princípio.

29. A verdadeira alma é o espírito do Mundo Triplo, assim como o Espírito de Deus é o espírito de todos os três Mundos: no Mundo tenebroso, é a colérica, forte e severa qualificação, e chama-se cólera de Deus; no Mundo de Luz, é o

amável e doce reino de alegria, é o espírito do Coração de Deus, o Espírito Santo; no mundo exterior, é o espírito do ar, do fogo e da água, e deixa-se usar segundo a vontade do homem, tudo para as grandes maravilhas.

30. O Homem é o grande mistério nos três Mundos. O Mundo no qual se estabelece e dá frutos é soberano e manifesto nele, e os outros dois lhe permanecem ocultos. Assim como o fogo está oculto na madeira, assim também a Luz permanece oculta no severo Mundo colérico e tenebroso, e também na maldade do mundo exterior e no tormento do Mundo interior.

31. Todavia, se o Mundo de Luz não pôde manifestar-se no homem e tornar-se seu soberano, então, no momento da quebra do mundo exterior, a alma permanece nua no Mundo tenebroso. Não é mais possível acender o Mundo de Luz, pois não há mais espelho algum diante da alma que possa refletir a Luz; o Coração ou Luz de Deus não se manifesta no Mundo tenebroso, e por toda a eternidade não poderá fazê-lo. O Mundo tenebroso é necessário, pois sem ele a Luz não seria manifestada. Por isso a Luz só pode manifestar-se no homem durante o tempo deste mundo.

32. Mesmo que uma alma esteja mergulhada no mais profundo abismo e na cólera de Deus, enquanto estiver sob a luz exterior do Sol, ainda terá diante de si um espelho de luz, no qual a força ou virtude divina se manifesta, e também o espelho da encarnação de Cristo, que pela eternidade jamais será conhecido no Mundo interior tenebroso.

33. Toda a nossa doutrina não é senão a maneira pela qual o homem deve acender em si o Mundo de Luz, de modo que a Luz de Deus brilhe no espírito da alma. Então, todo o corpo tem a Luz. Pois as palavras do Cristo: "se o olho é luz, todo o corpo é luz" (Mat. VI:22,23) referem-se ao olho da alma. Por outro lado, se a cólera do Mundo tenebroso é ace-

sa, então o corpo e a alma são tenebrosos, e têm apenas o reflexo da luz do Sol. Se a Luz divina é acesa, a alma arde e resplandece no amor e na doçura; e se a cólera do Mundo tenebroso é acesa, arde apenas no aguilhão da inveja, na raiva e na severa cólera, e a alma voa orgulhosamente ao espelho exterior da luz do Sol, querendo sempre elevar-se acima da qualificação do amor, desdenhando e desprezando a doçura e tudo o que é humilde.

34. Aqui o homem pode provar a si mesmo e ver qual Mundo domina nele. Se percebe que seu desejo é a cólera, a severidade, a inveja, a falsidade, a mentira e o engano, e ainda o orgulho, a cobiça, o contínuo desejo de honra e volúpia terrestres, a constante atração por vaidade e luxúria; então é preciso que preste contas e saiba com toda certeza que arde nas Trevas, no Mundo tenebroso, pois esse é o Fogo que produz uma tal essência, desejo e vontade.

35. É preciso que saiba também que o desejo ou a volúpia exterior, o orgulho, a ambição, a inveja e o contínuo desejo lascivo, animal e impudico são o fruto que cresce no mundo exterior a partir do Mundo tenebroso.

36. Assim como o amor cresce da morte, quando o espírito da vontade se entrega ao Fogo de Deus e se precipita na morte, e nasce no reino de Deus, desejando sempre fazer o bem; assim também, o desejo da maldade entrega-se à perdição, à colérica, severa e eterna morte, e cresce com seus ramos na corrupta natureza exterior, dando frutos semelhantes.

37. Por isso todo homem deve aprender a conhecer-se. Para isso, basta que busque suas propriedades. Aonde quer que sua vontade o conduza, nesse reino ele estará. Dependendo de seu desejo, ele não é um homem como pensa ser ou se proclama, mas uma criatura do Mundo tenebroso, isto é, um cão ciumento, um pássaro orgulhoso, uma besta voluptuosa, uma serpente colérica, um sapo invejoso e cheio de veneno

etc. Todas essas propriedades brotam nele e são a lenha com que seu fogo arde. Quando a lenha exterior, ou a substância dos quatro elementos, o entrega à morte, resta-lhe então apenas a má e venenosa qualificação interior.

38. Que figura subsistirá numa tal propriedade? Aquela que tiver sido a mais forte dentre todas as propriedades será figurada pelo *Fiat* infernal, assumindo a forma de uma venenosa serpente, um cão ou animais semelhantes. A propriedade à qual o espírito da vontade se tenha entregue se tornará a imagem da alma. E isso é apenas uma parte.

39. O homem tem de provar-se em seu desejo, pois todo homem tem essas más propriedades em si. Ele deve saber se tem um desejo constante de matar esse veneno e maldade, sendo inimigo desse veneno, ou se seu prazer está em pôr esse veneno continuamente em ação, através do orgulho, cobiça, inveja, volúpia, mentira e engano.

40. Se reconhece que sua alegria está nesse veneno e quer sempre realizá-lo, então não é de maneira alguma um homem, como pensa ser; na verdade, ele é enganado pelo demônio que, sob uma forma estranha, o faz pensar ser um homem. Todavia, em vez da imagem de Deus, ele carrega a imagem da serpente, e enquanto permanecer nessa propriedade e esta for dominante, ele é uma similitude da imagem do homem apenas no mundo exterior.

41. Mas se reconhece em si o combate, se sua vontade interior luta continuamente contra essas más propriedades, e não deixa que estas se transformem em substância; se quer sempre fazer o bem, mas percebe que essas propriedades más o retêm, de modo que nem sempre pode realizar o que quer, mas deseja sinceramente o arrependimento e a penitência, então um permanente desejo de misericórdia divina qualifica-se nele, de modo que, se pudesse, realmente faria o bem.

42. Esse homem pode estar certo de que o Fogo de Deus

brilha e trabalha continuamente nele em direção à Luz, na qual ele arderia de bom grado; pois, embora seja sufocado pela umidade [substancialidade] má deste mundo introduzida em nós por Adão, sempre produz essência para a chama do sagrado.

43. E quando o mau corpo exterior, com seus espinhos e vapores fumegantes, perece e não mais pode deter essa brilhante chama, o Fogo divino inflama-se em sua essência e a imagem divina é figurada de novo conforme a propriedade dominante no desejo do homem neste mundo. Todavia, se ele recua e deixa esse combate arrefecer, corre grande perigo de tornar a degenerar-se.

44. A terceira prova é que o homem veja em que substância ou figura está. Se reconhece que tem um constante desejo de Deus e, em seu desejo, é bastante forte para quebrar as essências más, tantas vezes quantas são inflamadas, e mudálas em doçura; se caminha na humildade e é mestre de si mesmo; se tem o domínio de todas as substâncias mundanas, dinheiro ou bens, e é capaz de abandonar tudo o que reluz neste mundo para dar ao necessitado; se retribui o mal com o bem e abandona tudo pela verdade de Deus, entregando-se de bom grado à miséria e ao sofrimento por amor a Deus, na firme esperança da eternidade; para esse a virtude divina jorra abundantemente, e nela ele pode acender a Luz do reino de alegria. Este é o homem mais iluminado, pois conhece e é capaz de provar o que Deus é, uma vez que, mesmo durante o tempo da vida exterior, tem em si a imagem divina da substancialidade celeste.

45. Nessa Virgem [a substancialidade celeste] Jesus é engendrado, e nela este homem jamais conhecerá a morte: ele deixa que o reino exterior simplesmente se desprenda, pois para ele este mundo é apenas oposição e contrariedade, onde Deus está oculto aos homens bestiais, pois Deus não quer

lançar pérolas aos porcos, e assim as mantém ocultas.

46. Esse novo homem não habita este mundo, e o demônio não o conhece. Em tal homem, só seu centro interior [o *centrum naturae*] está ao alcance do demônio, através do qual este o hostiliza, pois o novo homem se opõe à execução de sua vontade. Por isso o demônio incita os homens maus e bestiais contra ele, para que o humilhem e persigam, a fim de que a verdadeira humanidade permaneça oculta.

CAPÍTULO VIII

DA VERDADEIRA ESSÊNCIA HUMANA, QUE PROVÉM DA ESSÊNCIA DE DEUS.

1. A verdadeira essência humana não é terrestre, nem proveniente do Mundo tenebroso, mas é engendrada no Mundo de Luz. Não tem comunhão alguma com o Mundo Tenebroso, nem com o mundo exterior; há entre eles uma grande barreira: a morte.

2. Isso não significa que a verdadeira essência não esteja no homem exterior; está nele, pois foi dada a Adão em sua imagem, mas não pode operar pois está encerrada na morte e não tem em si movimento algum, a menos que seja movida pela força da Divindade.

3. Pelo movimento e engendramento da Divindade na Virgem Maria, esta essência tornou-se móvel e voltou de novo à vida; do mesmo modo, a verdadeira essência humana só se torna móvel em nós se formos engendrados por Deus em Cristo.

4. No batismo, a Palavra da Divindade qualifica-se e une-se às crianças, numa aliança, sendo seu primeiro movimento neste mundo. Todavia, isso é como uma centelha que salta numa madeira: começa a inflamar-se, mas, em seguida, muitas vezes se obscurece e apaga. Além do mais, muitas crianças são engendradas de essências completamente ímpias e não são suscetíveis da centelha depositada no batismo.

5. Cristo diz: "Deixai vir a mim as criancinhas, pois o reino de Deus é dos que se lhes assemelham" (Marc. 10:14). Não os cães, lobos, sapos ou serpentes, mas as crianças, se suas essências não forem de todo diabólicas.* Pois muitos pais são os responsáveis por seus filhos serem batizados na cólera de Deus, uma vez que, como Cristo diz, uma árvore má dá maus frutos.

6. E embora o Cristo tenha vindo ao mundo para salvar o que se perdeu, isso também depende da essência deixar-se socorrer. Pois um homem-animal pode, de fato, chegar à imagem [divina], se se converter e deixar que a Palavra que se fez homem o conduza. Sem isso, permanece em suas essências animais e continua sendo um animal maligno.

7. Tampouco se deve pensar que o batismo estabeleça o primeiro fundamento da essência humana e seja a primeira causa da inflamação do Fogo divino. Não, não é assim, pois através das essências dos pais a criança se torna, além de carne e sangue, um espírito, que se mescla ou se qualifica com o espírito do grande mundo [o Terceiro Princípio].

8. No momento em que a criança recebe a vida no corpo de sua mãe, imediatamente a essência divina ou infernal resplandece a partir de sua primeira qualificação ou origem.

9. E se houver apenas uma ínfima centelha da essência divina em movimento, a criança é suscetível ao batismo; e ainda que morresse e não fosse batizada, a centelha estará no Mistério e resplandecerá no reino de Deus, e será acendida no Fogo de Deus, pois morre no mistério do Pai e resplandesce no mistério do Filho que se fez homem.

---

* Ainda assim, conforme se observará a partir do versículo 12, isso não significa a impossibilidade de redenção.

10. O batismo e a aliança dos pais são seu batismo e sua aliança. A libertação e a reconciliação deram-se no sangue do homem, na justa e verdadeira essência humana. A Palavra ou Coração de Deus entregou-se à essência humana, que estava morta e aprisionada; não à parte terrestre de sua essência, mas à parte celeste; não à terrenidade que Adão, com sua imaginação, acolheu em sua essência, mas à parte angélica que foi dada a Adão, que ele corrompeu e envenenou com a atração terrestre, tornando-se carne terrestre grosseira e animal.

11. Deus tornou-se homem na verdadeira essência humana, que é o fundamento do Mundo angélico, pois provém do Mundo angélico.

12. Porém, como muitas vezes pais ímpios se lançam inteiramente na cólera de Deus e assim engendram filhos da cólera, então sua semente está de fato encerrada na morte e nada da verdadeira essência humana se move nela, exceto aquela que a constelação do espírito do grande mundo carrega em si. Ali a força ou virtude divina tem de fato algum movimento, mas também a força ou virtude da cólera divina que se contrapõe a ela; não obstante não há impossibilidade, pois a encarnação de Deus, Sua homificação, está presente em todas as almas, na Luz da vida.

13. Mas o batismo contém algo mais; a essência de Deus (a água da vida eterna, engendrada da doçura de Deus) deve mover a verdadeira essência humana, que foi encerrada na morte por Adão, e dar-se a ela como uma nova vida, como uma essência vivente. A água de Deus deve batizar, e o Espírito Santo deve ser o operador.

14. Mas, eu digo, segundo meu conhecimento, que a água da vida eterna, sobre a qual o Espírito Santo se move, dificilmente operará no veneno da cólera da morte se na essência não houver esse desejo [em direção a Deus].

15. Assim eu digo, conforme meu conhecimento, que des-

de o momento em que a criança recebe vida no seio de sua mãe (desde que a essência divina esteja em movimento na parte celeste), ela já está batizada pelo Espírito Santo e alcança a encarnação do Cristo. Pois o batismo não depende do poder do sacerdote, e o Espírito Santo não precisa apoiar-se nele, uma vez que a encarnação do Cristo não se apoiou no poder do homem, mas no cumprimento da promessa firmada na aliança de Deus. Por isso o anjo abençoou Maria, dizendo: "Bandita sois entre as mulheres", pois o cumprimento da promessa, que estava no seio de Maria, foi posto em movimento quando o Coração de Deus a abençoou, fazendo com que a promessa se cumprisse.

16. E esse cumprimento retroagiu até Adão e avançou até o último homem; e quando Deus se tornou Homem, o cumprimento foi despertado na parte celeste, não apenas em Maria, mas também em Adão e Eva, e toda sua descendência que se entregou a Deus. Todos foram abençoados no cumprimento da promessa!

17. Pois essa é a aliança de Graça que Deus estabeleceu com Adão e Eva. Essa aliança está em todas as essências do homem, exceto nas diabólicas.

18. O batismo é o selo dessa aliança, como a circuncisão no Antigo Testamento. No batismo Deus dá a água divina à raça humana como penhor e selo, mas a aliança já está presente ali antes do batismo. Ela foi firmada no Paraíso antes da fundação deste mundo. No instante em que uma alma se põe em movimento no corpo da mãe, uma alma humana é engendrada e já está na aliança, pois o Cristo entregou-se ao Fogo de Deus, ao [Primeiro] Princípio, e cumpriu a aliança; fazendo-se o penhor do testamento.

19. Esse penhor não está subordinado a nenhuma ordem exterior, a nenhuma opinião ou profissão de fé do homem exterior; pois assim que uma alma nasce do Princípio já está

incluída no testamento, desde que a vida divina esteja em movimento nela. Mas não é o que ocorre com as almas ímpias, pois nelas é preciso que antes a vida divina seja engendrada. A cólera divina devora muitas almas, inclusive aquelas que ainda estão nas essências, antes de terem entrado no [Terceiro] Princípio, pois provêm de uma essência falsa ou da má semente de seus pais.

20. A razão pergunta: "Que participação tem a criança no fato de seus pais serem ímpios?" Certamente! Mas que participação Deus tem nisso? Os pais têm o poder de gerar filhos. Que culpa tem Deus se prostituídos e devassos se unem e geram filhos? Não nos referimos apenas às uniões ilícitas, pois a árvore falsa também dá frutos nas relações conjugais. O homem é livre. Se ele não desperta vida alguma, sua semente segue sendo apenas uma essência. Deveria Deus, pela inocência das crianças lançar pérolas aos porcos? Não obstante, a porta do reino de Deus está diante dela, e nele todos podem entrar, pois Deus não a fecha a ninguém.

21. Mas se o homem mau está fechado para Deus, no corpo e na alma, não estará também sua semente? A semente é de fato o fruto de sua vida; se queremos colher bom trigo, é preciso semear trigo; mas se semeamos cardos, crescerão cardos. Deveria Deus transformá-los em trigo? Não tem o semeador poder de semear em seu campo o que deseja? Ou queres dizer: que culpa tem o cardo de ser cardo e de ser espinhoso? Ele não pertence ao trigo, mas cresce com ele.

22. Deus certamente ficaria muito feliz se não crescesse nenhuma criança-cardo, e esse não é Seu mandamento; mas o demônio semeia joio em meio ao trigo, isto é, no coração e na mente do homem. Por que o homem permite que isso ocorra? Por que destrói a si mesmo e deixa que sua essência se torne uma semente de espinho? Por que produz ervas daninhas para o Fogo da cólera de Deus? Ademais, o fruto não

depende inteiramente da semente, mas também do campo. Muitas sementes de bom trigo perecem na essência do mau campo. Através do Sol, o céu dá vida e força a tudo que cresce. O Sol não produz nem deseja joio algum; mas, muitas vezes, a essência do campo produz outra coisa e destrói a boa semente.

23. O mesmo ocorre com os homens. Muitas maldições são semeadas, por exemplo, quando alguém quer retribuir ao outro o mal que este lhe fez: um acaba por despertar no outro a mesma cólera que foi despertada nele, formando um ciclo, uma aliança colérica. É o que costuma ocorrer entre os casais ímpios, que desejam a seus pares o demônio e o fogo infernal de que são vítimas. E se ambos são ímpios, como suas sementes não engendrarão frutos ímpios? Se neles nada há de bom, que bem pode deles brotar? Ora, que participação tem Deus nisso? E no entanto Ele lhes mostra a Palavra e a doutrina, e anuncia-lhes sua perdição. Se eles são cegos e surdos para isso, seguirão seu caminho conforme sua vontade, e assim também sua semente, de modo que muitas crianças-cardos são engendradas e batizadas na cólera de Deus.

24. Pois conforme é a essência do espírito da alma, assim também é a substância divina na aliança do batismo, seja na virtude da Luz e no amor, seja na virtude da cólera e nas trevas.

25. A aliança é reafirmada no batismo. Cada criança é batizada nesta aliança; o Espírito de Deus batiza a todos, sempre conforme a propriedade da criança. Muitas vezes o pai, a mãe, e mesmo o sacerdote são ímpios e não passam de animais malignos; não têm fervor algum, desprezam o Mistério, e só se ocupam da pompa exterior e do dinheiro. Neste caso a criança está totalmente imersa na propriedade da cólera. Quem então haverá de batizar? Ninguém senão a cólera de Deus em sua aliança. Por isso não convém brincar com o Fogo de Deus.

26. Assim, a qualificação da cólera apreende o novo espírito e age poderosamente nele, dando frutos para a perdição. Como São Paulo diz sobre a ceia (a eucaristia, o segundo testamento): "Todo aquele que comer o pão e beber do cálice do Senhor indignamente, torna-se culpado para com o corpo e o sangue do Senhor. Examine, pois, cada qual a si mesmo (...) pois quem come e bebe sem discernir o corpo do Senhor, come e bebe a própria condenação" [1 Cor. 11:27-29]. Isto é, ele não distingue em si mesmo a parte celeste da terrestre, ele não põe sua vontade na celeste e não a oferece a Deus, mas toma tudo junto como um boi come a pastagem.

27. Por isso o Fogo da cólera de Deus inflama-se nele, tornando-o incapaz de romper com sua vontade terrestre e arrepender-se de sua maldade. Assim, ele não pode participar do corpo de Deus, pois não quis pôr em movimento as essências de sua parte celeste. Ele não tem boca para receber o corpo de Deus, pois sua boca está fechada na morte. Sua parte terrestre, no entanto, recebe o corpo do Cristo, mas segundo a propriedade da cólera, segundo a propriedade do Mundo tenebroso, pois o testamento tem de subsistir.

28. O mesmo ocorre no batismo: conforme a essência da alma, tal é o desfrute da aliança de Deus. Melhor seria que uma criança totalmente ímpia não fosse batizada, e que um homem totalmente ímpio, que não se arrependeu de seu pecado, se abstivesse do segundo testamento de Deus [a eucaristia]. Pois, com isso, ambos recebem força para a perdição, e a aliança de Deus nunca é movida sem dar seus frutos. Deus age em sua aliança segundo Sua Palavra.

29. Conforme a alma que declara a aliança, tal é o fruto da aliança; o Espírito de Deus opera no amor e na cólera, pois Ele é o espírito de toda a vida e qualifica-se com todas as vidas. Em cada coisa, Ele é semelhante à vontade e propriedade da coisa, pois uma propriedade apreende a outra; o que

a alma quer, Ele também quer.

30. É uma Magia universal. O que uma vontade quer, ela o recebe. Mesmo tendo acesso às melhores essências, o sapo toma para si apenas o veneno, e o mesmo ocorre com a serpente. Cada coisa toma em si apenas a propriedade que lhe é semelhante, e ainda que coma a substância de uma propriedade boa, converte tudo na sua propriedade dominante. Ainda que um sapo beba mel, nele isso se torna veneno.

O demônio também era um anjo; porém, quando seu desejo abandonou o bem, a essência celeste tornou-se para ele um veneno infernal, e sua vontade permanece má para todo o sempre.

31. Assim, em nossa vida, devemos considerar atentamente o que queremos fazer e ser [imaginar]. Temos em nós o bem e o mal. Naquele em que quisermos introduzir nossa vontade, tal será a essência que se moverá em nós, e também tais as propriedades que atrairemos do exterior. Temos em nós os dois mistérios: o divino e o diabólico, segundo os dois Mundos eternos, e também o do mundo exterior. O que queremos fazer de nós, isto somos; o que despertamos em nós, isto move-se em nós. Se nos dirigimos ao bem, então o Espírito de Deus vem ao nosso encontro; mas se nos dirigimos ao mal, então a cólera e a severidade de Deus vêm ao nosso encontro. Qualquer que seja nosso desejo, obtemos um co dutor da mesma propriedade, e para lá nos conduzimos. To avia, não é a vontade de Deus que nos percamos, mas a e sua cólera e a de nossa própria vontade.

Entendemos assim o *quinto ponto*. Como uma vida perece; como de uma vida boa advém uma má e vice-versa, de acordo com o movimento e a mudança de prumo da vontade.

CAPÍTULO IX

SEXTO PONTO

A GERAÇÃO E QUALIFICAÇÃO DA VIDA DAS TREVAS, ONDE HABITAM OS DEMÔNIOS.

1. A vida das trevas é contrária ou repugnante à vida da Luz; pois as trevas produzem uma essência severa e hostil, e a vida da Luz produz uma essência amorosa.

2. Nas trevas, as essências estão em contínuo aguilhoamento e quebra, pois cada forma e essência combate as outras como essências contrárias. Cada forma mente a si mesma e diz que a outra é má e lhe é contrária, que é causa de sua inquietude e severidade. Cada uma pensa consigo: "Bastaria que a outra não existisse e haveria repouso". Contudo ambas são más e falsas, pois tudo o que é engendrado na tenebrosa propriedade da cólera é mentiroso e sempre nega as outras formas, dizendo que são más. Todavia, cada uma e todas elas são responsáveis pela maldade das outras, pois através de sua qualificação colérica incitam-se reciprocamente à maldade.

3. Todas elas são más e responsáveis, e a mentira é sua verdade. Quando dizem mentiras, falam de suas propriedades e de sua própria forma, pois são também suas criaturas. Por isso Cristo disse: "Tendes por pai o diabo, e quereis cum-

prir os desejos de vosso pai. Ele foi homicida desde o princípio e não se manteve na verdade, porque nele não há verdade. Quando profere mentiras, fala conforme sua natureza, porque é mentiroso e pai da mentira" [João 8:44]. Cada forma deseja matar a outra; todavia, não há ali morte alguma, pois quanto maior é o combate, maior é sua vida de morte.*

4. Isso é chamado morte e inimizade eternas, nas quais apenas a contrariedade se eleva, pois nada há que possa abolir o combate ou apaziguar as formas; quanto mais oposição houver, maior será a severidade; é como um fogo que, quanto mais é atiçado, mais arde.

5. Assim, o reino colérico não pode ser apaziguado por nada, exceto pela Luz de Deus, que o torna doce, amável e repleto de alegria. Mas isso também não pode dar-se, pois se o reino tenebroso fosse inflamado pela Luz, a Luz não teria raiz alguma para gerar sua natureza e propriedade; e nenhum Fogo poderia ser engendrado, nem haveria Luz e poder algum, e tudo seria um Nada.

6. Por isso é preciso que o reino colérico seja, pois ele é uma causa do Mundo de Fogo e do Mundo de Luz. Tudo é Deus, embora nem tudo seja reconhecido e chamado Deus. O Mundo tenebroso tem sua propriedade específica; todavia, o Mundo de Luz também é uma causa da severidade, da explosão e do terror da propriedade tenebrosa, pois as Trevas apavoram-se ante a Luz, e permanecem no eterno terror; o Mundo de Luz se faz presente nas Trevas, que tremem continuamente diante dela, e no entanto não podem apreendê-la, pois são apenas uma causa da vida e do movimento. Assim tudo serve à glorificação de Deus.

---

* "Naqueles dias os homens procurarão a morte, e não a encontrarão; desejarão morrer, mas a morte lhes escapará" (Apoc. 9:6).

7. A vida das Trevas tem muitas formas, não há uma forma ou propriedade única. Isso pode ser visto também nas criaturas deste mundo, onde uma é sempre pior que a outra e tem sua subsistência numa qualificação diferente da outra, embora todas vivam na virtude e luz do Sol, pelas quais tudo no Terceiro Princípio é abrandado.

8. Se o Sol se extinguisse, a profundeza deste mundo, todo o espaço do Terceiro Princípio, tornar-se-ia colérica e aguilhoante; então logo veríamos a propriedade do Mundo tenebroso manifestar-se em todas as formas ou criaturas, tornando-as venenosas e más.

9. Pois toda vida tem sua raiz no veneno; apenas a Luz resiste ao veneno, e no entanto é uma causa da vida e da permanência do veneno.

10. Por isso reconhecemos que a vida das Trevas é um veneno em perpétuo desfalecimento, numa qualificação *morrente*; no entanto ali não há morte alguma, pois o Mundo de Luz opõe-se ao espelho das Trevas, mantendo as Trevas eternamente no terror e na explosão.

11. A vida das Trevas é semelhante a uma explosão, onde o relâmpago e terror sempre se elevam, como se quisessem escapar dessa vida e voar alto para longe dali. Conseqüentemente o orgulho se eleva, de modo que o demônio quer sempre estar acima de Deus, pois esta é sua propriedade e também a figura de sua vida, de modo que ele não pode ser diferente. É como um veneno que se debate e aguilhoa a si mesmo como se quisesse desmembrar-se.

12. Assim é a vida das Trevas em si mesma. As essências venenosas produzem uma disposição interior à sua semelhança, e esta, por sua vez, um espírito de vontade à sua semelhança. Ali há também uma propriedade semelhante, que é constituída de sete formas, conforme o centro da Natureza em seu Princípio. Assim como a vida de alegria é constituída de sete

formas, conforme sua natureza, assim também a vida da angústia. O que na Luz produz alegria, nas Trevas produz dor.

13. No entanto, não se deve pensar que a vida das Trevas possa lançar-se no sofrimento, abandonando sua natureza própria para transformar-se em dor. Não há dor alguma, mas o que para nós é dor, segundo a propriedade deste mundo, é força e alegria segundo a propriedade das Trevas. Pois ali a dor precipita-se na morte; mas a morte e o morrer são a vida das Trevas, tal como a angústia é a vida do veneno: quanto maior a angústia do veneno, mais forte a vida do veneno, como pode ser visto na vida do veneno exterior.

14. Não se pode dizer que o demônio esteja na dor e no abatimento, pois nele não há abatimento algum, mas uma vontade constante de inflamar cada vez mais a qualificação venenosa, para que a severidade cresça, pois esta é a força da qual ele extrai sua vontade de elevar-se acima dos tronos [angélicos] e inflamá-los. Ele quer ser um poderoso soberano na qualificação venenosa, pois esta é a fonte da severa e grande vida. Para ele, apenas a Luz é sofrimento e desespero; seu esplendor o apavora, e ela é seu verdadeiro veneno e tormento, pois desde que a abandonou, ela lhe é contrária. O demônio enrubesce de vergonha por ter sido um anjo e ser agora uma imagem deformada; e estaria feliz com a qualificação colérica, se a Luz não estivesse tão perto dele. Por isso sua confusão e vergonha são tão grandes que ele se exalta e inflama cada vez mais sua qualificação venenosa, de modo que sua figura se torna cada vez mais pavorosa e a imagem divina é cada vez menos reconhecível nele; não faz outra coisa que enfurecer-se e tentar lançar-se contra Deus, como se ele próprio fosse alienígena ou uma força alheia e possuísse um outro reino; mas ele é pobre, e não é seu o reino tenebroso, onde ele é apenas um prisioneiro. Este é o abismo de Deus, onde ele é tão somente uma criatura. O demônio quer ser o sobe-

rano, e não passa de um prestidigitador da severidade, uma vez que só pode agir conforme sua propriedade.

Eis a maravilha do severo poder da eternidade: é como um jogo em que a severidade perde seu poder, mantendo-se apenas para que se possam distinguir bem e mal, alegria e sofrimento, para que as criaturas do Mundo de Luz possam discerni-los e submeter-se ao bem. No entanto, Deus não criou mal algum, nem destinou Lúcifer ao Mundo tenebroso; a inimizade de Lúcifer advém do fato dele ter sido um anjo e de, em sua apostasia, ter negado a Luz que está tão perto dele.

15. Por outro lado, não há tormento algum nas criaturas criadas no Mundo tenebroso, pois elas são propriedade da cólera e nada conhecem da Luz. A severidade é sua força e potência, e a inimizade é sua vontade e vida. No Mundo tenebroso, quanto mais hostil e má é a criatura, maior é sua força. Do mesmo modo que os poderosos tiranos deste mundo ostentam seu poder na maldade, para que as pessoas os temam, assim também os animais ferozes apavoram os pacíficos, pois ambos extraem sua propriedade do Mundo tenebroso.

16. Ao considerar corretamente a propriedade do Mundo tenebroso, percebemos que a maldade e o orgulho deste mundo correspondem à sua imagem e figura; pois toda maldade, falsidade, orgulho e inveja encontradas nos homens ou nos animais têm sua raiz no Mundo tenebroso e são propriedades deste.

17. Pois este mundo tem como base o Mundo tenebroso, que lhe dá essência, vontade e propriedade. Porém, se no momento da criação o bom não tivesse sido introduzido nas propriedades deste mundo, a única ação e vontade que haveria nele seriam as do Mundo tenebroso. Todavia, é apenas pela ação da força divina e da luz do Sol que isto não ocorre. Do mesmo modo que entre os homens e os animais há uma inclinação para morder, odiar, ferir, e uma arrogante vontade

própria devido à qual cada um quer dominar, estrangular e devorar o outro, pisando tudo com inveja, cólera, maldade e falsidade, a fim de estar acima de todos os outros e tornar-se soberano.

18. O Mundo tenebroso tem a mesma propriedade. O que os homens maus, em sua maldade e falsidade, fazem neste mundo, o demônio faz no Mundo tenebroso; e o que os vermes venenosos e os animais malignos fazem neste mundo, criaturas semelhantes o fazem no Mundo tenebroso, pois, embora não tenham um corpo material, têm um corpo espiritual de propriedades tenebrosas semelhantes, como o dos demônios.

19. A geração, o ser, a essência e o regime do Mundo tenebroso residem principalmente nas quatro primeiras formas da Natureza [adstringência, amargor, angústia e relâmpago], isto é, na severa e poderosa qualificação da angústia, onde tudo é exaltado nas essências. Pois a doçura é inimiga da força colérica, e cada uma é contrária à outra.

20. Se assim não fosse e elas constituíssem uma unidade, teria de haver também uma só qualidade; e se houvesse uma única qualidade e vontade, as maravilhas eternas não poderiam ser manifestadas. Porém, a multiplicidade de qualidades pode manifestar as maravilhas eternas; pois a eternidade não poderia ter-se manifestado, nem substancializado, exceto através da inflamação da severa atração adstringente, na qual consiste o Mundo tenebroso, do qual se origina o Mundo de Fogo e também o Mundo de Luz. Tudo é uma única essência, que se divide ou se distingue em três propriedades. Nenhuma propriedade está separada das outras, e cada uma produz as outras, como pode ser visto no fogo e na luz, e também na matéria a partir da qual o fogo arde.

21. O homem não precisa buscar nada longe de si, pois ele tem em si a essência de todas as essências. Mas como no

momento de sua criação ele se desviou de sua ordem original, introduzindo e despertando em si outra qualificação, precisa agora descobrir como retornar à sua ordem e qualificação originais e ser engendrado de novo. Ademais, como pode ele extinguir a qualificação colérica que foi movida nele, se nele tudo está em ação e o bem e o mal o conduzem? Por isso ele deve aprender como resistir à cólera e caminhar na doçura, na qualificação da Luz e do Amor.

22. Em sua ordem original, o homem não está submetido a lei alguma, desde que não se inflame nem caminhe na propriedade do Mundo tenebroso. Afora isso, tudo é livre para ele. O que quer que faça na doçura e no amor lhe é permitido, pois está em sua própria substância e essência original, a despeito do nome que tenha e da opinião religiosa de quem quer que seja.

23. Tudo o que cresce de uma única raiz é uma única árvore e a esta pertence e tem uma única espécie de fruto, a menos que se corrompa e se desvie de sua própria essência.

24. Enquanto uma coisa permanece na essência de que proveio, não há lei alguma; mas se ela entra em outra qualificação, a qualificação original permanece, sempre em conflito com a segunda. Então surge a lei, para que ela retorne ao que originalmente foi, de modo que seja una; pois uma coisa deve exercer um único regime ou qualificação, e não dois. O homem foi criado no regime ou qualificação do amor e da doçura, na essência de Deus, e nele deveria permanecer.

25. Porém, como despertou outro regime, isto é, a cólera, o homem está agora em combate e sob uma lei, que o impele a mortificar e abandonar a cólera, para que possa exercer de novo um único regime. No entanto, como ambos os regimes se tornaram fortes nele, e o do amor foi sobrepujado pelo da cólera, ele tem de quebrar inteiramente a substância da cólera e ser engendrado novamente na primeira raiz. Por isso, na

dupla essência, ele tem uma lei, que lhe indica como deve conduzir-se para engendrar um espírito de vontade conforme o regime eterno.

26. Tudo isso está em seu poder. Ele pode engendrar o espírito da cólera ou o do amor, e dependendo daquele que escolher, será separado do Mundo contrário e conduzido ao que lhe é semelhante, pois ele mesmo se separa.

27. Porém, enquanto está neste campo, nesta vida, a lei permanece sobre ele. Mas quando o joio é separado do campo desta vida, entra de novo num único regime, no qual deverá permanecer eternamente; pois, na seqüência, lei alguma lhe será imposta, uma vez que será inteiramente uno em sua vontade, quer de fazer o bem, quer de fazer o mal.

28. Todavia, nesta vida exterior o homem está em combate. Dois regimes ou qualificações repousam nele, como também duas leis: a divina, para o amor, na justiça; e a colérica, para a exaltação do orgulho, na força do Fogo infernal e severo, na inveja, cobiça, cólera e maldade. Ao regime que seu espírito se une, a este pertencerá. No entanto, o outro nele permanece, acusando-o de perjuro e apóstata, ao mesmo tempo que o atraindo para si e querendo tê-lo. Assim a vida está prensada entre ambos os regimes e dividida para consigo mesma.

29. Se o homem se exalta e se entrega inteiramente à cólera, então esta destrói nele a primeira imagem de Deus. Todavia, como não pode destruí-la inteiramente, pois a força divina opõe-se a isso, então a cólera procura derrubar o homem. Muitos são lançados em tal angústia e dúvida, que chegam a se matar.

30. Assim a imagem divina da alma cai em poder do colérico Mundo tenebroso e é transformada numa figura infernal, numa forma das propriedades que a possuíram neste mundo. Assim foi também com os demônios, que perderam sua primeira imagem.

31. Cada demônio tem, então, uma imagem segundo a figura da cólera, conforme sua propriedade e qualificação. Vermes pavorosos ou animais malignos, isso é o que as almas perdidas têm a esperar.

32. A razão exterior presume que o inferno está longe. Mas ele está perto de nós; pois cada um o traz em si e a ele poderá sucumbir, a menos que, pelo poder de Deus, mate o veneno infernal e faça brotar um novo ramo que não pode ser alcançado nem tocado pela qualificação infernal.

33. É verdade que a cólera infernal é mais manifesta num lugar que em outro, onde este poder é dominante, segundo o regime infernal, isto é, segundo a primeira inflamação do rei Lúcifer. Há regiões deste mundo, em alguns lugares da terra e também no abismo entre as estrelas e a terra, em que a propriedade infernal ou a cólera é mais sensível, pois ali a severidade interior estende-se ao Princípio exterior, manifestando os domínios demoníacos e outras propriedades infernais. Nesses lugares *(locus)*, a cólera de Deus inflamou-se violentamente, e ali arde até o Juízo Final.

34. Neste mundo, cada homem leva em si o céu e o inferno. Se desperta em si a propriedade infernal, sua alma torna-se suscetível desse Fogo; e quando o corpo morre, a alma não precisa ir a lugar algum, mas é confinada ao regime infernal do qual é propriedade. Os demônios de mesma propriedade esperam por ela e recebem-na em seu domínio até o julgamento de Deus. Tais demônios não estão confinados em lugar algum, pois pertencem a essa propriedade e a esse domínio, e encontram-nos por toda parte. Aonde quer que se dirijam, estarão no mesmo domínio e propriedade, pois o abismo é um não-lugar, não tem lugar, tempo, ou espaço. Assim como antes do início do mundo não havia lugar algum, no abismo isso permaneceu eternamente.

35. Embora o inteiro *locus* deste mundo tenha sido dado

como reino a Lúcifer (pois aqui ele foi criado), ele foi lançado para fora desse *locus* e agora habita o abismo, seu reino e prisão, onde não pode alcançar lugar algum do reino angélico e sofre o desprezo eterno como prisioneiro. É como se faz a um malfeitor, que é separado de todos os seres deste mundo e colocado num tenebroso cárcere, onde é privado de todas as alegrias e prazeres deste mundo e carrega o desprezo por seus delitos.

36. O mesmo ocorre com o demônio e com todas as almas danadas que jazem prisioneiras nas Trevas, e devido às suas grandes ignomínias, às suas pavorosas formas e imagens, eles tampouco desejam sair dali. Seguem apenas seu próprio caminho e não desfrutam de bem algum. Para eles não há refrigério algum, estão no inferno como mortos, sempre fustigados pela fome e pela sede, num perpétuo falecimento. Tudo lhes é adverso e contrário, pois são uma venenosa e má qualificação. Só o que têm é uma fome insaciável de angústia e maldade, e por isso engendram em si blasfêmias para tentar saciá-la. Quanto mais tornam pavorosa sua figura, mais estão satisfeitos, como os homens insensatos e loucos neste mundo, que assumem voluntariamente uma forma repugnante e nela se comprazem. Assim eles agem eternamente no inferno, e por isso jogam esse jogo na terra. Assim como os tiranos se deleitam em seu poder de atormentar os homens, extraindo do suor deles vestes luxuosas e ornamentos bizarros, que ostentam em sua pompa e devassidão; assim também fazem os demônios no inferno, pois o fausto deste mundo é uma representação do Mundo infernal.

37. Todas as coisas bizarras que o homem orgulhoso inventa e ostenta em sua loucura, com as quais quer distinguir-se dos verdadeiros filhos de Deus, são representações do Mundo infernal; pois todos os seus adornos, pompas e ostentações afastam-no da humildade e são um espelho infernal, pois

os tornam semelhantes aos demônios que, em seu orgulho, não querem ser semelhantes a ninguém. Esses homens distinguem-se neste mundo e, em sua cegueira, não compreendem que com isso o demônio escarnece deles e os engana. Assim, tais infelizes agem como o demônio, e com isso pensam ser mais belos e melhores que os outros homens, embora tenhamos todos nascido de um único corpo e espírito. Diante de Deus e seus anjos, tais homens são vistos como máscaras do demônio, uma abominação diante dos céus. Assim como um louco é uma abominação ante a sabedoria, o orgulho hipócrita deles é uma abominação ante Deus e seus anjos, pois perderam sua nobre imagem, e ainda estando neste mundo, já mostram a corrompida imagem da abominação.

38. Quando vemos um homem orgulhoso, vemos a terrível queda de Adão e uma representação do Mundo infernal; vemos um meio-diabo e meio-homem, a quem o demônio tem um contínuo acesso. Pois neste mundo ele é servo do diabo, uma vez que o diabo faz sua obra através dele, e o pobre homem não o sabe, e com isso põe-se a serviço do demônio para sua eterna perdição. Pensa ser belo e importante, e não passa de um louco diante de Deus. E quando a veste estrangeira se vai, ele assume sua forma bestial.

CAPÍTULO X

DOS QUATRO ELEMENTOS DO DEMÔNIO E DO MUNDO TENEBROSO: COMO PODEM SER RECONHECIDOS NESTE MUNDO EXTERIOR.

1. O primeiro elemento do Mundo tenebroso e do demônio é o orgulho, o segundo é a cobiça ou cupidez, o terceiro é a inveja, e o quarto é a cólera. Esses quatro elementos engendram contínua e eternamente um filho que se chama falsidade. Esse filho é a verdadeira progênie do corrompido Adão, legada ao mundo para ser seu soberano. A falsidade tornou-se rei neste mundo, possuiu o mundo inteiro, e governa todos os lugares do Terceiro Princípio. Quem conhece bem esse rei, conhece os quatro elementos do demônio, pois no Mundo tenebroso esses quatro elementos têm todo o regime, no espírito e no corpo, e em tudo o que é chamado ser ou substância.

2. Vemos claramente que este mundo exterior está assentado nesses quatro elementos e deles recebe a inclinação, a qualificação e a vontade; pois o filho dos quatro elementos reina na terra e quer ter tudo sob seu domínio. Tem ainda quatro famílias por súditos. A família do orgulho, que quer estar acima de todos os outros e não quer que ninguém se assemelhe a ela. A família da cupidez ou cobiça, que quer possuir sozinha todas as coisas e submeter tudo a si. Esta provém da primeira, pois o orgulho também tudo quer ter,

para ser só ele tudo. A terceira família é a da inveja, que é filha da cobiça, pois ao ver que não pode ter tudo só para si, exalta-se no veneno da inveja, aguilhoando qualquer um que possua o que quer que seja; sua vontade é atrair tudo para si e possuir tudo só para si, mas, não podendo fazê-lo, debate-se ali com uma vontade má. A quarta família é a da cólera, que é filha da inveja, pois, o que esta não consegue ferir com a vontade má, tenta atingir com a violência do fogo colérico. Esta família provoca as guerras e os homicídios, pois quer destruir todas as coisas e sujeitá-las pela violência.

3. Eis os quatro elementos do demônio. Os quatro estão imbricados, constituindo um único elemento. Cada um provém do outro e engendra o outro; e todos provêm da Natureza tenebrosa, isto é, da adstringência, do amargor, da angústia e do Fogo.

4. Porém, como o poder de Deus se contrapõe a eles, impedindo-os de ter pleno poder neste mundo, engendraram um filho astucioso e sutil, através do qual governam, e que se chama falsidade. Este filho oculta-se sob o manto das cores divinas, para que ninguém o reconheça e possa ser tomado por um filho da verdade e da virtude. Todavia, trata-se de um impostor que fala o contrário do que pensa e faz. O fogo de seus olhos parece o brilho de Deus, mas seu coração traz a força e o veneno do demônio.

5. Ele é rei na Terra e governa dois reinos. O primeiro chama-se perdição; o segundo, Babel, a confusão. Esse rei deu poder e força à perdição, que são as vestes desse reino. Ao segundo reino, Babel, ele deu uma veste branca e reluzente, para que assumisse o lugar de Deus. Com isso tal rei governa sobre a terra como se fosse Deus, e os povos adoram essa veste, sob a qual está o homem da falsidade e da impostura, que por sua vez carrega em si sua mãe, isto é, os quatro elementos: o orgulho, a cobiça, a inveja e a cólera.

6. Escondidos sob esse reluzente manto, os quatro elementos do demônio governam; e os homens dilaceram-se por tal manto: todos querem apoderar-se dele; mas quem o veste, veste-se do inferno e da cólera de Deus. Esse manto é honrado em lugar de Deus, e foi com ele que o demônio enganou Adão e Eva, afastando-os da obediência a Deus. Foi a respeito desse manto que Deus nos advertiu desde o início do mundo, para que não o vestíssemos, pois o demônio habita seu interior. Quando o vestimos, passamos a habitar o demônio, e temos de fazer o que ele quer, pois esse manto é sua morada e esconderijo.

7. Sendo o demônio prisioneiro de Deus, ele nos veste com seu manto e, com isso, coloca-nos a seu serviço em Babel. Ali, somos seu instrumento; pensamos tomar o manto de Deus, mas sob ele temos por hospedeiro e hóspede o demônio. A língua dirige a Deus boas palavras, mas o coração tem o espírito dos quatro elementos da cólera. Assim, o diabo, fingindo-se Deus, faz-se senhor e rei dos homens, induzindo-os a trocar a soberania divina por um mero manto reluzente, em cujo interior o homem é prisioneiro e escravo do demônio. De fato, o demônio envolve o homem com seu manto, fazendo-o chamar a si mesmo de filho de Deus; mas sob esse manto o homem é apenas o escravo da vontade do demônio, pois tudo que o demônio não pode nem ousa fazer no reino exterior, o homem o faz a seu serviço. O demônio não pode matar ninguém, e o homem o faz para agradá-lo. O demônio tampouco pode usar da criação de Deus, e o homem faz mau uso dela em seu lugar, fingindo-se Deus. Com isso, excita o orgulho, a cobiça, a falsidade e a maldade, fazendo tudo o que o demônio quer, e com isso brilha como um deus.

8. Por isso o reino exterior tornou-se um perpétuo covil de homicidas do demônio. O falso homem, que se qualifica como homem, mas não o é, conduz a carnificina, aumenta a

cólera de Deus e inflama o Mundo tenebroso, de modo que a cólera de Deus arde continuamente neste mundo exterior.

9. Assim o reino de Deus é obstruído e a vontade do diabo prevalece, e ele continua sendo um príncipe na Terra. Pois sem o pretenso homem, que lhe serve de criado e cumpre sua vontade, ele nada poderia realizar no mundo exterior. Então, duas espécies de homens habitam a Terra: a dos homens justos e verdadeiros, que servem a Deus sob o manto da humildade e do sofrimento, que são escarnecidos e atormentados pelo demônio e pelos homens da outra espécie, que o servem e realizam suas obras e prodígios.

10. A outra espécie também considera a si mesma humana, também caminha sob a forma de homem, mas são animais malignos. Vestem o manto de seu rei, chamado falsidade, e vivem na força dos quatro elementos de seu rei, isto é, no orgulho, na cobiça, na inveja e na cólera.

11. O orgulho é o primeiro elemento. Ele tira o pão da boca do homem justo e atormenta os pobres para que o satisfaçam. Não admite que nada lhe seja comparado, pois quer ser o mais belo filho da casa. Veste o reluzente manto da dissimulação, querendo passar por piedoso e justo, para que as pessoas tenham de honrá-lo e curvar-se diante dele. Nada pode comparar-se a ele; quer ser senhor e diz: "Sou modesto em minha conduta e decente em meu meio de ganhar a vida".

12. Porém, seu coração é a cobiça. Ele é um lobo que devora o suor e o trabalho dos miseráveis. Eleva-se sobre todas as coisas em seu orgulho e perscruta diariamente as maravilhas de Deus para encontrar um novo meio de dissimular sua hipocrisia. Ele se apresenta de maneira amigável e decente, como se fosse uma virgem plena de pudor e humildade; mas é uma prostituta, cujo coração odeia todas as virtudes, como a justiça e a castidade, um perpétuo inimigo do amor e da humildade. Despreza os simples e coloca-os sob seu jugo.

Diz ao homem justo e verdadeiro: "És meu cão de caça; levo-te aonde quero. Tu és louco, e eu sábio". No entanto, ele próprio é o maior de todos os loucos. Por um breve deleite, negligencia Deus e o reino do céu, lançando-se nas trevas e vestindo o manto da angústia.

13. O segundo elemento desse rei, a falsidade, é a cobiça. Ela atrai tudo para si e ofusca a reluzente veste do orgulho. Atrai tanto o bem como o mal, satisfazendo continuamente o orgulho; e estando este satisfeito, a cobiça engendra um filho, a inveja, com o qual atormenta o orgulho, de modo que este não tem desfrute algum de seu esplendor. A inveja aguilhoa incessantemente a desejosa cobiça, tachando-a de louca e desvairada, e atormenta dia e noite o orgulho, de modo que ele jamais tem repouso. A cobiça é um suíno bestial e grosseiro, que deseja mais do que pode comer; sua goela sempre aberta não dá repouso algum ao homem, atormentando-o com sua imundície, levando-o à fome apenas de coisas terrestres, que a terra produz sem necessitar da cobiça de ninguém, pois para produzi-las não é necessário cobiça alguma, apenas trabalho.

14. A cobiça tortura a si mesma e é seu próprio algoz, pois enche-se de dor e inquietude. Ela obscurece a inteligência do homem, de modo que ele não reconhece que tudo provém da mão divina; obscurece a luz da vida do homem, destrói seu corpo, e rouba-lhe os pensamentos e a imagem divina. Lança-o ao túmulo, arrastando-o à morte temporal e eterna; lança matéria tenebrosa sobre a nobre imagem do homem, fazendo de um anjo um colérico demônio; cria a turba no corpo e na alma; é a pavorosa besta do abismo do inferno, pois é a causa do tormento e da dor. Sem ela não haveria tormento algum. Ela produz a guerra e os combates, pois nunca se satisfaz. Ainda que possuísse o mundo inteiro, desejaria também o abismo, pois não há lugar algum onde possa repousar. Ela constrói países e reinos, e num instante os

destrói. Ela exaure as forças dos homens e os conduz ao tormento e à inquietude. Ela é o coração e a vontade do demônio.

15. O orgulho é o belo filho que devia possuir o céu, mas a cobiça fez dele um filho incestuoso e bastardo, e o precipitou em Babel, a mãe da grande prostituta na Terra. Ali o orgulho prostitui-se continuamente com a cobiça, e, diante de Deus, não passa de um filho bastardo que não pode possuir o reino do céu. Seu reino celeste, ele o tem na Terra, onde corteja o rei falsidade, que recebe todo os seus frutos e os dá aos quatro elementos do demônio no Mundo tenebroso. Quando a bolsa da angustiada cobiça se rompe, o orgulho segue com ela para o abismo, para ali obter seu justo deleite. O orgulho consome suas forças apenas para engendrar a loucura e agradar seus admiradores; é um louco para Deus e um bufão para o demônio, e seu deleite é fazer da imagem de Deus uma imagem de loucura.

16. No reino da falsidade, o terceiro elemento é a inveja, que é um turbulento aguilhão, semelhante a um pungente veneno. Ela não tem repouso em lugar algum, pois sua mãe, a cobiça, não lhe permite. Ela se debate na cólera, pois não pode entrar onde não foi engendrada. Ela é a boca da cobiça, mentirosa e caluniadora. Aguilhoa o coração de seu próximo e fere-o. Em sua fome venenosa, devora a si mesma sem jamais se saciar. Ela causa uma inquietude sem limite e medida; é o maior dos venenos e o olho do inferno, através do qual o demônio observa a alma e o corpo do homem. Ela não é um fogo, mas o aguilhão do Fogo. Dispõe de tudo o que é mau, e no entanto não encontra repouso algum. Quanto mais busca, mais inquieta fica. É um veneno faminto, que não precisa de substância alguma, e no entanto debate-se na substância. Torna o homem mais que louco, de modo que ele deseja rebelar-se e lançar-se contra Deus. É a essência do inferno e da cólera, e faz do amor sua maior inimizade. Tem ódio de

tudo e todos, e no entanto é ela própria um faminto nada.

17. A inveja é o espírito da vontade do demônio, e o homem que a recebe por hóspede, recebe o demônio e a cólera de Deus, pois carrega a tortura infernal e a desgraça. É o perpétuo tormento e inquietude que destrói a nobre imagem de Deus, pois é inimiga de Deus e de todas as criaturas.

18. No reino da falsidade, o quarto elemento é a cólera. Ela é o verdadeiro Fogo infernal, pois é engendrada entre a cobiça e a inveja. Ela é o fogo e a vida da inveja. O que a inveja não pode realizar, a cólera realiza. A cólera apossa-se tanto do corpo como da alma, e age como um furioso demônio. Querendo matar e destruir tudo, dilacera a si mesma, mas continua furiosa como um cachorro louco que rasga e morde tudo e a própria cauda. O que não pode dominar, ela envenena. É a verdadeira doença do mundo. Quando o orgulho, com seu reluzente manto, não consegue o poder mediante a astúcia e a falsidade, põe em ação este quarto elemento, que usa da violência e da guerra. Oh, quão grande é a alegria do demônio quando seus quatro elementos reinam assim! Embora seja um prisioneiro, pensa que ainda é senhor na Terra, pois os homens-animais exercem muito bem seu ofício. Ele joga com os homens para que estes façam o mal que ele mesmo não pode fazer.

19. Eis os quatro elementos do Mundo tenebroso, nos quais o demônio se acredita um deus. Através deles ele reina sobre a Terra, com seu filho fiel, a falsidade. Esta parece um papagaio afetado que profere belas palavras, mas é uma ave de rapina que não perde de vista sua presa. Se consegue apanhá-la, grande é sua felicidade, pois pode levar o assado ao demônio. O homem está envolvido por esses quatro elementos e está hospedado no país deste falso rei. A todo momento disputam seu coração, querendo destruir a nobre imagem. Ele tem de estar atento e combatê-los a todo momento, pois tam-

bém estão hospedados nele, e sempre despontam nele, querendo roubar-lhe sua mais preciosa jóia.

20. Quando um só desses quatro elementos consegue qualificar-se no homem, inflama todos os outros e arrebata-lhe a nobre imagem, fazendo dele uma máscara do demônio. Homem algum pode afirmar-se verdadeiramente homem se deixa que esses elementos tenham o poder de qualificar-se nele, pois com isso ele se qualifica com a propriedade do demônio e torna-se um inimigo de Deus. Ainda que o demônio o envolva com o manto reluzente da hipocrisia, de modo que seja capaz de proferir boas palavras, comportar-se muito bem e ser tido por filho de Deus, enquanto o regime desses quatro elementos tiver nele a primazia, ele não é um homem, mas um homem diabolizado: meio-diabo, meio-homem, até que cumpra sua medida, quando então será um demônio por inteiro, ainda que sob forma de homem.

21. Por isso, cada um deve aprender a conhecer-se a si mesmo e reconhecer as propriedades que nele dominam. Se vê que os quatro, ou um só desses elementos domina nele, então tem tempo para pôr-se em guerra contra eles, e se não o fizer, acabará mal. O homem não pode deixar-se envolver pelo manto reluzente do demônio, como ocorre nos dias de hoje, quando impostores que vivem nesses quatro elementos fazem dos sofrimentos de Cristo um adorno de sua hipocrisia.

22. Oh, como o reluzente manto de Cristo será tirado de ti! E então serão desveladas em Babel a prostituta e suas quatro virtudes. Não basta apenas buscar consolo nos sofrimentos de Cristo, mas é preciso combater a hipocrisia e impedi-la de dominar a casa. O domínio deve ser da justiça, do amor, da humildade, da castidade e da vontade de fazer sempre o bem; não com hipocrisia e belas palavras, mas com obras e ações. Isto é, é preciso combater a vontade do demônio, contentar-se com pouco, abrigar-se na paciência e na esperança em

Deus, resistir aos quatro elementos do demônio, e tomar os quatro elementos de Deus, que são o amor, a doçura, a misericórdia e a esperançosa paciência. Estes são os quatro elementos de Deus que o homem deve despertar em si para combater os quatro elementos do demônio.

23. Aqui o homem tem de estar em combate consigo mesmo se quer tornar-se um cidadão do céu. Não deve ser um dorminhoco preguiçoso, nem comer e beber com voracidade, mas deve ser sóbrio, jejuar e vigiar como um guerreiro diante de seu inimigo, pois, no contínuo combate com a cólera de Deus, será preciso muito trabalho apenas para proteger-se.

24. Pois o demônio é seu inimigo, e sua própria carne e sangue corrompidos são seus inimigos. E, nele, também a cólera de Deus é seu inimigo, e o mundo inteiro é seu inimigo. Para onde quer que olhe, vê seus inimigos querendo roubar-lhe.

25. Por isso é necessário combater, não com a língua ou a espada, mas com o espírito e a mente, e não abandonar o combate de modo algum. Ainda que o corpo e a alma tenham de perecer, é preciso permanecer fiel a Deus no coração. Como diz Davi: “Ainda que meu corpo e minha alma tivessem de perecer, não deixarias de ser meu Deus, a confiança de meu coração e a minha certeza”. E ainda que o homem visse o mundo inteiro na impiedade, se quiser tornar-se um filho de Deus, deve permanecer firme.

26. E ainda que tivesse a impressão de ser o único a seguir esse caminho e todo mundo lhe dissesse: “És um louco insensato”, deve reagir como se estivesse morto para o mundo. E se ouvir o demônio, seu mais cruel inimigo, dizer isso, não deve arrefecer, mas crer que sua meta é agradável a Deus e que o próprio Deus é sua meta. Só assim Ele poderá libertá-lo do demônio e conduzi-lo a Seu reino.

Amém.

Basarab Nicolescu

Ciência, Sentido & Evolução

Jacob Boehme
Seis Pontos Teosóficos

Este livro foi
composto utilizando
os tipos Caslon e Venetian,
impresso sobre papel
Pólen Rustic 85 g.,
na gráfica Palas Athena